D1728431

Erich Cziesielski

Frank Ulrich Vogdt

Schäden an Wärmedämm-Verbundsystemen

Schadenfreies Bauen

Herausgegeben von Günter Zimmermann

Band 20

Schäden an Wärmedämm-Verbundsystemen

Von

Prof. Dr. Erich Cziesielski

und

Dr.-Ing. Frank Ulrich Vogdt

Mit 187 Abbildungen und 13 Tabellen

Fraunhofer IRB Verlag

Die Deutsche Bibliothek – CIP-Einheitsaufnahme

Cziesielski, Erich:
Schäden an Wärmedämm-Verbundsystemen :
mit 13 Tabellen / von Erich **Cziesielski** und Frank Ulrich Vogdt. –
Stuttgart : Fraunhofer-IRB Verl.,1999
   (Schadenfreies Bauen ; Bd. 20)
   ISBN 3–8167–4164–9

Umschlaggestaltung: Manfred Köster, Grafik-Design, München

Satz: Satz- und Druckcenter des Fraunhofer- Informationszentrums Raum und Bau, Stuttgart

Druck: Druckerei Hoffmann, Inh. M. Wetzstein, Kornwestheim

Für den Druck des Buches wurde chlor- und säurefreies Papier verwendet

© Fraunhofer IRB Verlag, 2000
Fraunhofer-Informationszentrum Raum und Bau
Postfach 80 04 69, D-70504 Stuttgart
Telefon (07 11) 970 – 25 00
Telefax (07 11) 970 – 2508
e-mail: info@irb.fhg.de
URL: http://www.irb.fhg.de

Vorwort des Herausgebers

Lehrbücher über Baukonstruktionen erfüllen beim Hochschulstudium und bei der täglichen Planungsarbeit eine wichtige Funktion. Darüber hinaus erfordert die Vielzahl der Bauschäden eine spezielle Darstellung der Konstruktionen unter dem Gesichtspunkt der Bauschäden und ihrer Vermeidung. Solche Darstellungen sind für den Planer warnende Hinweise, vergleichbar den Warnschildern im Straßenverkehr: sie warnen vor gefährlichen Stellen.

Die Fachbuchreihe »Schadenfreies Bauen« stellt in vielen Einzelbänden das gesamte Gebiet der Bauschäden dar. Erfahrene Bausachverständige beschreiben die häufigsten Bauschäden und den Stand der Technik bestimmter Konstruktionsteile oder Problemstellungen. Ziel und Programm dieser Fachbuchreihe ist das schadenfreie Bauen. Eine Alternative zum klassischen Medium Buch bietet die Volltextdatenbank SCHADIS, die alle Bände der Fachbuchreihe auf CD-ROM enthält. Die Suchfunktionen der Datenbank ermöglichen den raschen Zugriff auf relevante Buchabschnitte und Abbildungen zu jeder Fragestellung.

Der vorliegende Band 20 der Fachbuchreihe »Schadenfreies Bauen« behandelt Schäden an Wärmedämm-Verbundsystemen. Diese Dämmsysteme sind eine bemerkenswerte Neuentwicklung im Hochbau der letzten 30 Jahre. Umso wichtiger ist der hier vorgelegte Bericht über die bisherigen Erfahrungen mit dieser Konstruktion, um negative Erfahrungen bei Planung und Ausführung berücksichtigen zu können.

Mit den Herren Univ.-Prof. Dr. Erich Cziesielski und Dr.-Ing. Frank Ulrich Vogdt hat der Verlag zwei Autoren gewinnen können, die auch auf diesem Gebiet langjährige Erfahrungen und besondere Kenntnisse besitzen.

Ich danke beiden Autoren, daß sie trotz ihrer starken beruflichen Inanspruchnahme die Zeit und Kraft gefunden haben, dieses wichtige Buch zu schreiben.

Stuttgart, im Oktober 1999   Günter Zimmermann

Vorwort der Autoren

Wärmedämm-Verbundsysteme (WDVS) sind Außenwandbekleidungen, die seit mehr als ca. 35 Jahren ausgeführt werden. Die Gründe für den verstärkten Einsatz der Wärmedämmverbundsysteme in den letzten zehn Jahren sind

– erhöhte wärmeschutztechnische Anforderungen an die Gebäudehülle

– Bedarf an wirtschaftlichen Instandsetzungskonstruktionen im Bereich geschädigter Außenwände.

Die Verwendung von Wärmedämm-Verbundsystemen wird zur Zeit in Deutschland durch bauaufsichtliche Zulassungen geregelt. Soweit der Erfahrungsbereich von solchen Konstruktionen überschritten wird, sind bauaufsichtliche Zustimmungen im Einzelfall erforderlich.

Obwohl die Verwendung der Wärmedämm-Verbundsysteme noch relativ neu ist und traditionell gewachsene Handwerksregeln für die Verarbeitung erst im Entstehen sind, sind gravierende Schäden bzw. symptomatische Schadensbilder nicht allzu häufig aufgetreten. Wenn dennoch ein Buch über »Schäden an Wärmedämm-Verbundsystemen« aufgelegt wird, so werden damit folgende Zielsetzungen verfolgt:

– Festschreiben des derzeitigen Wissensstandes um Wärmedämm-Verbundsysteme.

– Erläuterungen/Begründungen zu Anforderungen, wie sie in den derzeitigen bauaufsichtlichen Zulassungen festgelegt sind.

– Aufzeigen der derzeit typischen Schäden an Wärmedämm-Verbundsystemen, um zukünftig Schäden zu vermeiden.

– Hinweise zu geben über die Beurteilung der Standsicherheit von Vorsatzschichten (Wetterschutzschichten) und deren Verankerung bei Großtafelbauten (Plattenbauten), die nachträglich mit Wärmedämm-Verbundsystemen bekleidet werden.

Die Autoren hoffen, mit dieser Veröffentlichung einen Beitrag zur Weiterentwicklung und zur Schadensfreiheit für diese Art der Außenwandbekleidung zu leisten. Für kritische Hinweise und Ergänzungsvorschläge sind wir dankbar.

Berlin, Juli 1999   Erich Cziesielski
                                                        Frank Ulrich Vogdt

Inhaltsverzeichnis

1   Baurechtliche Situation

Bereits in den 50er Jahren wurden erste Wärmedämm-Verbundsysteme (WDV-Systeme) entwickelt [1], die aus Polystyrol-Hartschaumplatten bestanden, mit Kunststoff-Dispersionsklebern am tragenden Untergrund verklebt und anschließend mit entsprechendem Putz versehen wurden. Seit mehr als 35 Jahren werden Weiterentwicklungen derartiger Systeme auf der Basis von expandiertem Polystyrol-Hartschaum (EPS) nach DIN 18164 [2] mit Dünnputzsystem – in der Regel Kunstharzputz – in großem Umfang eingesetzt [3]. Seit 1977 kamen WDV-Systeme mit Mineralfaserplatten nach DIN 18165 [4] und mineralischem Dickputzsystemen zur Anwendung.

Trotz des langjährigen Einsatzes von WDV-Systemen wurden erst 1980 bzw. 1984 die ersten bauaufsichtlichen Regelungen wie folgt eingeführt:

– Kunstharzbeschichtete WDV-Systeme. Mitteilungen des IfBt 4/1980 [5]

– Zur Standsicherheit von WDV-Systemen mit Mineralfaserdämmstoffen und mineralischem Putz. Mitteilungen des IfBt 6/1984 [6]

Eine weitergehende baurechtliche Regelungsnotwendigkeit wurde nicht gesehen, zumal die brandschutztechnischen Belange durch Prüfbescheide (Prüfzeichen PA-III) des Deutschen Instituts für Bautechnik (DIBt) geregelt wurden.

Allgemeine bauaufsichtliche Zulassungen wurden nur für Systeme erteilt, bei denen z.B. nichtgenormte Baustoffe – wie Fibersilikat-Verbundplatten (Abschnitt 3.6.1) – Verwendung fanden.

Aufgrund der von einigen Bauaufsichtsämtern zu den damaligen Regelungen geäußerten Bedenken [7] wurde vom IfBt ein Arbeitskreis eingesetzt, der die 1984 erlassenen Richtlinien [6] überarbeitete und ergänzte. Hieraus ging die Regelung »Zum Nachweis der Standsicherheit von Wärmedämm-Verbundsystemen mit Mineralfaser-Dämmstoffen und mineralischem Putz« hervor (Mitteilungen des IfBt 4/1990 [8]).

Mit Einführung der Bauprodukten-Richtlinie entfiel die Rechtsgrundlage für die Erteilung von Prüfzeichen, so daß der nach den Landes- bzw. der Musterbauordnung geforderte Nachweis der Brauchbarkeit – insbesondere im Hinblick auf den Brandschutz – zukünftig durch Normen oder allgemeine bauaufsichtliche Zulassungen geregelt werden mußte.

Da für die Erarbeitung von europäischen Normen für die WDV-Systeme bisher kein Mandat erteilt wurde, werden WDV-Systeme seit Januar 1997 durch allgemeine bauaufsichtliche Zulassungen geregelt. In diesen allgemeinen bauaufsichtlichen Zulassungen werden auch die Fragen der Standsicherheit, der Dauerhaftigkeit und der Gebrauchstauglichkeit geregelt. Dabei erfolgt die Beurteilung der Gebrauchsfähigkeit im wesentlichen auf Grundlage der durch die »European Organisation for Technical Approvals (EOTA)« erarbeiteten Leitlinie für »External thermal insulation composite systems (ETICS)« [13].

Weitere Regelungen:

– Die nationale Vornorm DIN V 18559 [10] beinhaltet weder Anforderungen noch Bemessungsgrundlagen, sondern dient vielmehr zur Begriffsbestimmung; sie ist für baupraktische Belange ohne Bedeutung.

– In DIN 18515 – 01 und – 02 [11] werden angemörtelte Fliesen oder Platten bzw. angemauerte Verblender auf Aufstandsflächen geregelt. Da sie die typischen WDVS-Konstruktionen nicht behandeln, wird die Verwendung von keramischen Bekleidungen auf WDVS nunmehr auch in allgemeinen bauaufsichtlichen Zulassungen geregelt.

Der derzeitige Stand der bauaufsichtlichen Regelung für Wärmedämm-Verbundsysteme mit Putzsystemen ist in den jeweiligen bauaufsichtlichen Zulassungen geregelt.

2 Anforderungen an Wärmedämm-Verbundsysteme

2.1 Übersicht

An WDV-Systeme sind aufgrund der vielfältigen Beanspruchungsarten, denen Außenwandkonstruktionen ausgesetzt sind, umfangreiche Anforderungen

- in statisch-konstruktiver Hinsicht sowie
- in bauphysikalischer Hinsicht

zu stellen, die dauerhaft erfüllt werden müssen.

Im einzelnen sind es Anforderungen an

- die Standsicherheit,
- den Brandschutz,
- den Wärmeschutz,
- den Schallschutz,
- den Feuchte- und Witterungsschutz,
- die Dauerhaftigkeit,
- die Eignung als Korrosionsschutz,
- die Rißüberbrückungsfähigkeit,
- die Ästhetik,
- den Untergrund und
- die Wiederverwertbarkeit (Recyclingfähigkeit).

2.2 Standsicherheit

Die Standsicherheit der Außenwandkonstruktion muß dauerhaft gewährleistet sein (MBO § 15 [14]). Das bedeutet, daß die Anordnung von WDVS sowohl für Neubauten als auch für Altbauten im Rahmen von Modernisierungs- bzw. Instandsetzungsmaßnahmen bauaufsichtlich anzeigepflichtig sind. – Der Standsicherheitsnachweis der WDVS – gegebenenfalls einschließlich der Unterkonstruktion – ist unter Hinweis auf die allgemeine bauaufsichtliche Zulassung zu führen. Als Beanspruchungen sind zu nennen:

- die Eigenlast g (DIN 1055-01),
- die Winddruck- und Windsoglasten w_D, w_S (DIN 1055-04),
- die thermische Wechselbeanspruchung durch
- tages- und jahreszeitliche Lufttemperaturänderungen $\Delta\vartheta_{L,\,a}$ sowie die
- Sonnenstrahlung $^cE_\beta$ (Globalstrahlung),
- die hygrische Beanspruchung durch
- Erstschwinden $\varepsilon_{s,\,\infty}$
- jahreszeitliche Luftfeuchteänderung $\Delta\varphi_{L,\,a}$ und
- Schlagregen
- die Stoßfestigkeit

Der Nachweis der **Standsicherheit** erfolgt unter Zugrundelegung des statischen Systems entsprechend Abschnitt 5.1. Dabei ist der Lastfall Eigenlast (LF g) mit dem Lastfall der hygrothermischen Beanspruchung (LFε_ϑ, ε_s, ε_φ) (Abschnitt 5.3) zu überlagern und die resultierende Schubbeanspruchung sowie ggf. die maximale Dübelkopfverschiebung (Abschnitt 4.3.1.2) nachzuweisen.

Die **Winddruck- bzw. Windsoglasten** entsprechend DIN 1055-04 sind für prismatische Baukörper in Tabelle 2.2-1 in Abhängigkeit von der Gebäudehöhe und den Gebäudeabmessungen zusammengefaßt. Dabei ist insbesondere auf die erhöhten Windsoglasten in den Randbereichen entsprechend DIN 1055-04 hinzuweisen.

Tab. 2.2-1: Windsoglasten [kN/m²] nach DIN 1055-04

Gebäudehöhe	Normalbereich		Randbereich
H [m]	allgemein	turmartig	
0 ÷ 8	0,25	0,35	1,00
8 ÷ 20	0,40	0,56	1,60
20 ÷ 100	0,55	0,77	2,20

Der Nachweis erfolgt entsprechend Abschnitt 5.2

- für rein verklebte Systeme als Nachweis der Querzug- bzw. Haftzugfestigkeit und
- für verklebte und verdübelte Systeme als Nachweis
  - des Dübeltellerkrempelns oder Durchstanzen durch die Wärmedämmung (Abschnitt 5.2) bzw.
  - des Dübelauszugs aus dem Untergrund.

16

Im Hinblick auf die **hygrothermische Beanspruchung** wurde in [15] eine statistische Auswertung der Wetterdaten für drei repräsentative Orte in Deutschland während eines Zeitraumes von 20 Jahren durchgeführt. Die im folgenden angegebenen Beanspruchungsgrößen wurden durch eine instationäre Wärmestromberechnung für ein südwestorientiertes WDV-System (d_{WD} = 80 mm) unter Berücksichtigung der Sonnenstrahlung $^cE_\beta$ bei Variation des Absorptionsgrades des Putzes a_S als extremale **Putztemperatur** ϑ_P ermittelt:

– Sommer:

$a_S = 0,8$ $\qquad \vartheta_P =$ 73 °C
$a_S = 0,5$ $\qquad \vartheta_P =$ 59 °C
$a_S = 0,2$ $\qquad \vartheta_P =$ 46 °C

– Winter:

$a_S = 0,2$ bis $0,8$ $\qquad \vartheta_P = -21$ °C

Infolge zunehmender Verschmutzung der Oberfläche (Abschnitt 2.6) ergibt sich auch bei ursprünglich rein weißen Putzoberflächen eine erhebliche Erhöhung des Absorptionsgrades auf $a_S \approx 0,5$.

Als **Jahresmittelwert der Lufttemperatur** wurde in Abhängigkeit von der geografischen Lage

$\vartheta_{L, a, JM} = 8,1$ bis $9,0$ °C

ermittelt.

Der thermischen Beanspruchung ist die jeweils zeitgleiche hygrische Beanspruchung zu überlagern (Abschnitt 5.3).

Für die **relative Luftfeuchte** wurden in Abhängigkeit von der geografischen Lage folgende charakteristischen Größen als Wochenwerte (5-%-Fraktilwert mit 75-%-iger Aussagewahrscheinlichkeit) festgestellt:

– Maritime Lage:

min $\varphi_L =$ 55 % r.F.
max $\varphi_L =$ 98 % r.F.
Jahresmittelwert $\varphi_{JM} =$ 83 % r.F.

– Kontinentale Lage:

min $\varphi_L =$ 37 % r.F.
max $\varphi_L =$ 98 % r.F.
Jahresmittelwert $\varphi_{JM} =$ 76 % r.F.

Zusätzlich ist die Zwangsbeanspruchung aus **Erstschwinden**, die jedoch in hohem Maße durch Relaxation abgebaut wird (Abschnitt 5.3), zu berücksichtigen.

Stoßfestigkeit

WDVS müssen eine ausreichende Stoßfestigkeit aufweisen. Nach ISO 7892 [36] werden die Stoßeinwirkungen wie folgt unterschieden:

- Stoßeinwirkungen von kleinen, harten Körpern, die beispielsweise die Einwirkung von geworfenen Steinen o.ä. simulieren (Abb. 2.2-1 und 2.2-2).
- Stoßeinwirkungen von großen, weichen Körpern, die beispielsweise das Anlehnen an die Außenwand von Menschen simulieren.
- Die Beanspruchung durch Vandalismus ist durch Versuche nicht erfaßbar.

Die Anforderungen an die Stoßfestigkeit ist abhängig von der Beanspruchung und Lage der Außenwand (z.B. Erdgeschoß straßenseitig oder obere Stockwerke). Die Beanspruchungsgruppen für Stoßeinwirkungen sind in Tab. 2.2-2 aufgeführt.

Tab. 2.2-2: Beanspruchungsgruppen für die Stoßfestigkeit von WDVS in Anlehnung an ISO 7892

Beanspruchungsgruppe	Beschreibung
I	In Bereichen, die für Personen leicht zugänglich sind. Keine anormal rauhe Beanspruchung
II	Stoßeinwirkungen aus geworfenen oder geschlagenen Gegenständen. Im Regelfall unter 5 m Gebäudehöhe über OK Erdreich
III	Eine Beanspruchung durch Stoßeinwirkung ist eher unwahrscheinlich. - Im Regelfall über 5 m Gebäudehöhe. - Im Bereich der Balkone sollte Beanspruchungsgruppe II zugrunde gelegt werden.

Tab. 2.2-3: Zuordnung der Beanspruchungsgruppe hinsichtlich der Stoßfestigkeit entsprechend ISO 7892

Test	Beanspruchungsgruppe		
	III	II	I
Stoß mit 10 Joule	---	Putz nicht durchdrungen[2]	keine Mängel vorhanden[1]
Stoß mit 3 Joule	Putz nicht durchdrungen[2]	Keine Risse im Putz vorhanden	keine Mängel vorhanden

[1] Oberflächlicher Schaden möglich, wobei Risse bis zur Wärmedämmung durchgehen können
[2] wenn die kreisförmigen Risse die Wärmedämmung nicht erreichen (Abb. 2.2-3)

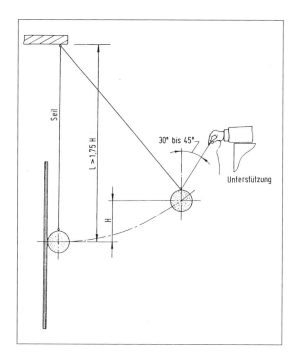

Abb. 2.2-2: Überprüfung der Stoßfestigkeit mit einem Pendelversuch (vgl. Abb. 2.2-1)

Abb. 2.2-3: WDVS nach Durchführung des Stahlkugel-Pendelversuchs entsprechend Abb. 2.2-2 (Riß erreichte lediglich die Ebene der Gewebebewehrung)

Die Prüfung des Widerstands gegenüber harten Stößen wird nach [13] mit Hilfe von Stahlkugelpendeln definierter Kugelmasse und Pendellänge überprüft (Abb. 2.2-1 und 2.2-2). Bei Dünnputzsystemen wird zusätzlich ein Perforationstest durchgeführt, bei dem ein Stahlstempel definierten Durchmessers mit einer Federkraft auf die WDVS-Oberfläche geschossen wird.

In Abhängigkeit vom Schädigungsgrad nach Versuchsdurchführung (vgl. Tab. 2.2-3) werden die WDVS als geeignet für die Beanspruchungsgruppen I bis III eingestuft und in Form von Prüfzeugnissen einer amtlich anerkannten Prüfstelle für WDVS angegeben.

2.3 Brandschutz

Im Hinblick auf den Brandschutz sind die Anforderungen nach DIN 4102 [16] und der Muster- [14] bzw. Landesbauordnungen zu erfüllen. Die zusätzlichen Bestimmungen der Richtlinien für die Verwendung brennbarer Baustoffe im Hochbau [17] sind zu beachten.

Bei Gebäuden, die direkt an Nachbargebäude angrenzen und die mit einem WDVS bekleidet sind, bei dem die Wärmedämmung aus Polystyrol besteht, ist ein Streifen b ≥ 1 m im Bereich der Haustrennwand aus nicht brennbarem Material anzuordnen (vgl. [17]), um im Falle eines Brandes einen Brandüberschlag von einem Gebäude auf das Nachbargebäude zu vermeiden.

Bei WDVS mit Dämmplatten aus Polystyrol, deren Dicke größer als 10 cm ist, müssen oberhalb von Fenstern und Türen im Bereich der Stürze Streifen aus nichtbrennbaren Dämmstoffen angeordnet werden, die im Falle eines Brandes das Wegschmelzen des Polystyrols verhindern sollen (Abb. 2.3-1). In den bauaufsichtlichen Zulassungen heißt es:

Bei Dämmstoffplatten mit Dicken über 100 mm bis 200 mm muß aus Brandschutzgründen oberhalb jeder Öffnung im Bereich der Stürze ein mindestens 200 mm breiter und mindestens 300 mm seitlich überstehender (links und rechts der Öffnung) nichtbrennbarer Mineralfaser-Lamellendämmstreifen (Baustoffklasse DIN 4102-A1) vollflächig angeklebt werden, im Kantenbereich ist das Bewehrungsgewebe zusätzlich mit Gewebe-Eckwinkeln zu verstärken. Werden hierbei auch Laibungen gedämmt, ist für die Dämmung der horizontalen Laibung im Sturzbereich ebenfalls nichtbrennbarer Mineralfaser-Dämmstoff (Baustoffklasse DIN 4102-A1) zu verwenden.

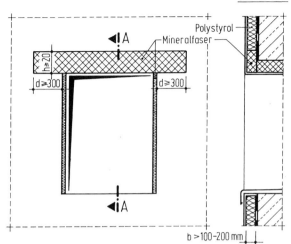

Abb. 2.3-1: Nichtbrennbare Wärmedämmung (Mineralfaserdämmung) im Bereich der Fensteröffnungen zur Vermeidung eines Brandüberschlages bei WDVS mit Dämmplatten aus Polystyrol (d ≥ 100 mm)

2.4   Wärmeschutz

Die Anforderungen an den **winterlichen Wärmeschutz** sind

– in DIN 4108-02 [18] sowie
– in der Wärmeschutzverordnung (WSchVo) zum Energieeinsparungsgesetz (EnEG) [19]

festgelegt.

Bei der Ermittlung des Wärmedurchgangskoeffizientens der Außenwandkonstruktion sind bei WDV-Systemen mit Verdübelung der Einfluß der punktuellen Wärmebrücken infolge der Dübel durch Δk_P-Werte (Abschnitt 4.3.2) zu berücksichtigen.

Eine Absenkung der Temperatur auf der inneren Wandoberfläche ist jedoch für übliche Wandkonstruktionen vernachlässigbar: Der Temperaturabfall ist in der Praxis nicht größer als 0,1 bis 0,2 K.

Im Hinblick auf den **sommerlichen Wärmeschutz** ist DIN 4108-02 [18] zu beachten.

Obwohl die tragende Konstruktion der Außenwände, welche in der Regel aus massiven Wandbaustoffen besteht, bei dem überschlägigen Verfahren nach

DIN 4108-02 [18] rechnerisch nicht als speicherfähige Masse in Ansatz gebracht werden darf, wird der sommerliche Wärmeschutz verbessert, da die tragende Konstruktion infolge des hohen Wärmedurchlaßwiderstandes des WDV-Systems vom Außenklimaverlauf weitestgehend entkoppelt wird, wie instationäre Wärmestromberechnungen zeigen.

2.5 Schallschutz

Die Anforderungen im Hinblick auf den Schallschutz gegen Außenlärm sind DIN 4109 [20] in Abhängigkeit von der Nutzung des Gebäudes und des maßgeblichen Außenlärmpegels zu entnehmen.

Beim Nachweis des vorhandenen Schalldämmaßes einer Außenwand mit einem WDV-System muß berücksichtigt werden, daß es sich bei dieser Konstruktion um einen Zwei-Massen-Schwinger (Masse 1 = Putzsystem; Masse 2 = tragende Wandkonstruktion) handelt, die über eine Feder (Wärmedämmung, Verdübelung) miteinander gekoppelt sind. Hieraus können sich infolge Resonanz Einbrüche im frequenzabhängigen Schalldämmaß ergeben, die berücksichtigt werden müssen.

Der Rechenwert des bewerteten Schalldämmaßes $R_{w, R}$ einer Massivwand mit einem darauf angebrachten WDVS kann nach Angaben des DIBt wie folgt rechnerisch ermittelt werden:

$$R_{w, R} = R_{ow, R} + K_1 + K_2$$

$R_{ow, R}$ = Rechenwert des bewerteten Schalldämmaßes der Massivwand (ohne WDVS)

K_1 = Korrektur zur Berücksichtigung der Befestigungsart des Dämmstoffes an der Massivwand:
- Befestigung durch Klebung: $K_1 = 0$ dB
- Befestigung mit Dübeln: $K_1 = 2$ dB
- Schienenbefestigung: $K_1 = 0$ dB
- Schienenbefestigung mit zusätzlicher Verklebung: $K_1 = 0$ dB
- Schienenbefestigung mit zusätzlicher Dübelbefestigung: $K_1 = 2$ dB

K_2 = Korrektur in Abhängigkeit von der Resonanzfrequenz f_0 des Systems »Dämmstoff/Außenputz« (Tab. 2.5-1)

22

Tab. 2.5-1: Korrekturkennwert K_2 in Abhängigkeit von der Resonanzfrequenz f_0 des Systems »Dämmstoff/Außenputz«

f_0 in Hz	K_2 in dB
< 65	6
< 75	5
< 90	4
< 105	3
< 125	2
< 145	1
< 170	0
< 200	- 1
< 240	- 2
< 280	- 3
< 320	- 4
< 380	- 5
≥ 380	- 6

Dabei ist f_0 in Hz zu berechnen mit Hilfe folgender Gleichung

$$f_0 = 160 \cdot \sqrt{\frac{s'}{m'}}$$

mit

s' dynamische Steifigkeit des Dämmstoffes in MN/m³;. Die dynamische Steifigkeit ist nach DIN EN 29 052-1 an Proben, die *nicht* einer vorherigen Druckbeanspruchung, z.B. gemäß DIN 18164-2, Abschnitt 7.3.2.2 unterzogen wurden, zu bestimmen.

m' flächenbezogene Masse des Putzes in kg/m².

Für die Anwendung des Verfahrens sind folgende Grenzen für die Massivwand festgelegt worden:

– Für Massivwände eine flächenbezogene Masse m' = 300 kg/m² ± 50 kg/m².

– Bei Anwendung auf Mauerwerk aus Steinen mit ungünstiger Lochung kann eine Verschlechterung der Schalldämmung auftreten, die nicht durch das rechnerische Verfahren erfaßt wird. Hierfür darf das Verfahren nicht angewendet werden.

– Bei Leichtbeton und Porenbeton ist das Verfahren nur bei Rohdichten ρ ≥ 900 kg/m³; anzuwenden.

Als Richtwerte für die Korrekturbeiwerte K_1 und K_2 des bewerteten Schalldämmmaßes von massiven Außenwänden mit einer flächenbezogenen Masse von g $\geq$ 300 kg/m² können die in Tabelle 2.5-2 aufgeführten Werte verwendet werden. Wie Tabelle 2.5-2 zu entnehmen ist, verhalten sich WDV-Systeme mit Dünnputz (g $\leq$ 10 kg/m²) in schallschutztechnischer Hinsicht in der Regel gegenüber Dickputzsystemen (g $\geq$ 25 kg/m²) ungünstiger. Desweiteren ist festzustellen, daß insbesondere bei Systemen mit Dünnputz eine direkte Abhängigkeit zwischen der Steifigkeit der Ankoppelung des WDVS an die tragende Wandkonstruktion und der Abminderung des bewerteten Schalldämmaßes besteht. Aufgrund der hohen Steifigkeit von Mineralfaser-Lamellen senkrecht zur Plattenebene ergibt sich eine hohe dynamische Steifigkeit senkrecht zur Plattenebene und damit eine hohe Abminderung des Schalldämmaßes. Bei WDV-Systemen mit Schienenbefestigung ist aufgrund der punktuellen Verankerung (Abschnitt 3.5) nur eine geringe Ankoppelung gegeben, so daß sich hier sogar eine Verbesserung des Schalldämmaßes ergibt.

Tab. 2.5-2: Korrekturwerte $\Delta R_{w,R,WDVS}$ = K1 + K2 des bewerteten Schalldämmaßes $R_{w,R}$ von massiven Außenwandkonstruktionen mit WDV-Systemen

		Dünnputz $g \leq 10 \ kg/m^2$	Dickputz $g \geq 25 \ kg/m^2$
Geklebtes Polystyrol-WDVS		- 2 dB	- 1 dB
Geklebtes WDVS mit elastifiziertem PS		0 dB	+ 1 dB
Geklebtes und verdübeltes Polystyrol-WDVS		- 1 dB	- 2 dB
Mineralfaser-Lamellensystem		- 5 dB	Keine Angaben
Geklebtes und verdübeltes Mineralfaser-dämmplatten-WDVS	d = 50 mm	- 4 dB	+ 4 dB
	d = 100 mm	- 2 dB	+ 2 dB
PS-System mit Schienenbefestigung		+ 2 dB	+ 2 dB

2.6 Feuchte- und Witterungsschutz sowie Fassadenverschmutzung

Im Hinblick auf den Feuchte- und Witterungsschutz sind folgende Beanspruchungsarten zu unterscheiden:

– Tauwasserbildung
  – im Wandinnern und
  – auf den inneren Wandoberflächen,
– Schlagregen- und
– Spritzwasserbeanspruchung.

Tauwasserbildung im Wandinnern

Nach DIN 4108-03 [18] ist nachzuweisen, daß das gegebenenfalls in der Tauperiode (Wintermonate) im Innern der Bauteile anfallende Tauwasser während der Verdunstungsperiode (Sommermonate) wieder ausdiffundieren kann. Gleichzeitig wird die anfallende Tauwassermasse auf 1,0 kg/m² bei kapillar wasseraufnahmefähigen Bauteilschichten und auf 0,5 kg/m² bei kapillar nichtwasseraufnahmefähigen Bauteilschichten begrenzt.

Eine weitere Voraussetzung für die Erfüllung des Tauwasserschutzes nach DIN 4108-03 [18] ist die Begrenzung der Erhöhung des massebezogenen Feuchtegehaltes um ≤ 5 Masse-% bzw. von Holz bzw. Holzwerkstoffen um ≤ 3 Masse-%. Dabei werden Holzwolle-Leichtbauplatten nach DIN 1101 und Mehrschicht-Leichtbauplatten aus Schaumkunststoffen und Holzwolle nach DIN 1104-01, die bei einigen WDV-Systemen als Wärmedämmaterial eingesetzt werden ausdrücklich von dieser Anforderung ausgenommen (DIN 4108-03, Absch. 3.2.1 e).

Bei folgenden Außenwandkonstruktionen kann – unter der Voraussetzung eines ausreichenden Wärmeschutzes nach DIN 4108-02 [18] – auf einen Nachweis des Tauwasserausfalls infolge Dampfdiffusion verzichtet werden:

– Einschaliges Mauerwerk mit Außendämmung und Außenputz mit
  – mineralischen Bindemitteln nach DIN 18550 [21] oder mit
  – Kunstharzputz nach DIN 18558 [22],

wenn die wasserdampfdiffusionsäquivalente Luftschichtdicke s_d des Putzes $s_d = \mu \cdot s \leq 4$ m ist. Dabei wird im Kommentar zur DIN 4108 darauf verwiesen, daß bei der Verwendung von Kunstharzputz der Restquerschnitt der Außenwandkonstruktion eine wasserdampfdiffusionsäquivalente Luftschichtdicke von $s_d \geq 1,7$ m aufweisen muß [23].

– Einschalige Wand aus Normalbeton nach DIN 1045 oder gefügedichtem Leichtbeton nach DIN 4219-01 mit Außendämmung und Außenputz mit
– mineralischen Bindemitteln nach DIN 18550 [21] oder mit
– Kunstharzputz nach DIN 18558 [22].

Die Angaben zu den wasserdampfdiffusionsäquivalenten Luftschichtdicken sind für die WDV-Systeme den entsprechenden allgemeinen bauaufsichtlichen Zulassungen zu entnehmen. – Bezüglich der Tauwasserbildung bei WDVS mit keramischen Bekleidungen sei auf DIN 4108-3, Abschnitt 3.2.3 verwiesen; danach ist für eine Außenwandkonstruktion aus Mauerwerk mit einer äußeren keramischen Bekleidung der Nachweis des Tauwasseranfalles nicht erforderlich, wenn der Fugenanteil mindestens 5 % der Außenwandfläche beträgt. Im übertragenen Sinne ist für eine Mauerwerkswand mit außenseitig angebrachter Wärmedämmschicht und einer Bekleidung mit einer diffusionsäquivalenten Luftschichtdicke von $s_d > 4{,}0$ m ein Nachweis des Tauwasserschutzes erforderlich. In Abb. 2.6-1 ist der wirksame Diffusionswiderstand keramischer Bekleidungen in Abhängigkeit vom Fugenanteil in Anlehnung an [32] dargestellt. Diese rechnerisch ermittelten Werte wurden durch Versuche weitestgehend bestätigt [33]. – Anzumerken ist, daß die Beurteilung von Außenwänden mit keramischen Belägen nach dem in DIN 4108 angegebenen Glaserverfahren zu einer Fehleinschätzung führen kann, weil der Einfluß von Schlagregen und insbesondere der Einfluß der in den tragenden Wänden enthaltenen Bauwerksfeuchtigkeit unberücksichtigt bleiben. Die Beurteilung solcher Wände muß mit instationären Berechnungsverfahren erfolgen (siehe Abschnitt 6.9).

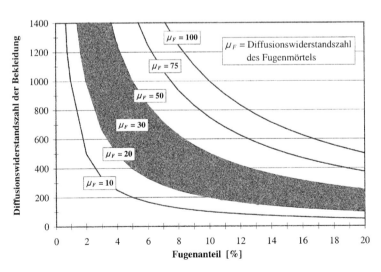

Abb. 2.6-1: Wirksamer Wasserdampfdiffusionsdurchlaßwiderstand keramischer Beläge in Abhängigkeit vom Fugenanteil [32]

Tauwasserbildung auf Bauteiloberflächen im Rauminnern und Schimmelpilzbildung

Beim Nachweis des Tauwasserschutzes gegenüber Tauwasserbildung auf den Innenflächen der Außenbauteile wird die minimale Bauteilinnenoberflächentemperatur $\vartheta_{i,\,O}$ unter Zugrundelegung einer Außentemperatur $\vartheta_{L,\,a} = -10\,°C$ nach DIN EN 10211-2 bzw. $\vartheta_{L,\,a} = -15\,°C$ nach DIN 4108-02 ermittelt und überprüft, ob unter den jeweiligen raumklimatischen Bedingungen die Taupunkttemperatur unterschritten wird. Dabei sind besondere Randbedingungen, wie ein stark behinderter Wärmeübergang durch Möblierung, Vorhänge o.ä. sowie konstruktive oder geometrische Wärmebrücken – ggf. im Rahmen einer instationären dreidimensionalen Wärmestromberechnung auf Grundlage der Finite-Element-Methode (FEM) – zu berücksichtigen.

Zur Vermeidung von Schimmelpilzbefall wird in Zukunft in DIN 4108 [39] folgendes Nachweisverfahren zur Überprüfung des Grenzwertes für die minimale Oberflächentemperatur im Bereich von Wärmebrücken empfohlen:

Der Temperaturfaktor $f_{R_{Si}}$ (x,y) soll mindestens 0,70 betragen (das bedeutet eine minimale Oberflächentemperatur von +12,5 °C).

$$f_{R_{Si}} = \left(x,y\right) = \frac{\Theta_{Si}(x,y) - \Theta_e}{\Theta_i - \Theta_e}$$

Es bedeuten:

Θ_{Si} (x,y) minimale Temperatur an der Innenseite der Außenwandoberfläche, die rechnerisch ermittelt werden muß oder aus Tabellen abgelesen werden kann. Wichtig ist, daß die minimale Oberflächentemperatur im Bereich der kritischen Stellen (linienförmige oder punktuelle Wärmebrücken) ermittelt wird.

Θ_i Innenlufttemperatur

Θ_e Außenlufttemperatur

Folgende Randbedingungen sind dabei anzusetzen:

$\Theta_i = +20\,°C$ normale Innenlufttemperatur; sollten nutzungsbedingt niedrigere Innenlufttemperaturen vorliegen, so sind diese anzusetzen.

$\Theta_e = -5\,°C$

$\Phi_i = 50\,\%$ relative Luftfeuchtigkeit im Rauminnern; sollten nutzungsbedingt höhere relative Luftfeuchten vorliegen, so sind diese entsprechend anzusetzen.

$R_{Si} = 0,35$ $m^2 \cdot K/W$ bei unmöblierter Außenwand
$R_{Si} = 0,50$ $m^2 \cdot K/W$ bei einzelnen Schränken an der Außenwand
$R_{Si} = 1,00$ $m^2 \cdot K/W$ bei Einbauschränken an der Außenwand

Abb. 2.6-2: Schimmel-
pilzbefall

Neben diesem rein rechnerischen Nachweis zur Vermeidung von Schimmelpilzbefall (vgl. Abb. 2.6-2) sind folgende weitere Randbedingungen, die das Schimmelpilzwachstum beeinflussen, zu beachten:

– Ausreichendes Feuchteangebot
– Temperaturbedingungen
– pH-Wert
– Nährstoffangebot.

Für das Wachstum der Schimmelpilzsporen ist ein ausreichendes Feuchteangebot erforderlich. Die meisten Schimmelpilze benötigen – in Abhängigkeit vom
Material auf dem sie wachsen – eine relative Luftfeuchte von ca. 70 % an der Ma-
terialoberfläche. Optimale Bedingungen finden Schimmelpilze bei 90 bis 98 %
relativer Luftfeuchte vor.

Anmerkung:

Geht man – wie zukünftig gefordert – von einer relativen Luftfeuchtigkeit im
Rauminnern von 50 % aus, so müßte eine minimale Oberflächentemperatur von
θ_{oi} = 12,6 °C eingehalten werden, damit die relative Luftfeuchte im Bereich der
innenseitigen Bauteiloberfläche geringer als 70 % bleibt. Es wird die Einhaltung
eines Temperaturfaktors von $f_{R_{Si}} \geq 0{,}69$ gefordert, was einer minimalen Oberflächentemperatur von min θ_{oi} = 10 °C entspricht. Dieser Wert ist zu gering,
wenn man weiterhin bedenkt, mit welchen Unsicherheiten sowohl die rechnerische Ermittlung der minimalen Oberflächentemperatur min θ_{oi} geschieht und
welche Unsicherheiten bei der Festlegung der erforderlichen Mindestober-
flächentemperatur erf. θ_{oi} bestehen.

Schlagregenschutz

Nach DIN 4108-03 [18] werden je nach

– regionalen, klimatischen Bedingungen (Regen, Wind),
– örtlicher Lage (Bergkuppe, Tal) sowie
– Gebäudeart (Hochhaus, eingeschossiges Gebäude)

Beanspruchungsgruppen I (geringe Schlagregenbeanspruchung) bis III (starke Schlagregenbeanspruchung) definiert.

Daneben werden Beispiele genormter Wandkonstruktionen angegeben, die den Anforderungen an die jeweiligen Beanspruchungsgruppen genügen, ohne andere Konstruktionen mit entsprechend gesicherter, praktischer Erfahrung auszuschließen.

Von Holzwolle-Leichtbauplatten oder Mehrschicht-Leichtbauplatten mit Außenputzen sowie Außenwänden mit angemörtelten Bekleidungen nach DIN 18515 abgesehen, werden WDV-Systeme nicht explizit genannt.

Für WDV-Systeme mit Putzbeschichtungen können jedoch hilfsweise die Anforderungen an Außenwandkonstruktionen mit Außenputz übernommen werden, so daß sich die in Tabelle 2.6-1 genannten Anforderungen ergeben

Tab. 2.6-1: Zuordnung von WDVS im Hinblick auf die Schlagregen-Beanspruchungsgruppen entsprechend DIN 4108-03

Beanspruchungsgrupe I	Beanspruchungsgruppe II	Beanspruchungsgruppe III
geringe Schlagregen-beanspruchung	mittlere Schlagregen-beanspruchung	starke Schlagregen-beanspruchung
WDVS mit Außenputz ohne besondere Anforderung an den Schlagregenschutz nach DIN 18550 Teil 1 (mit ganzflächiger Bewehrung)	WDVS mit wasserhemmendem Außenputz nach DIN 18550 Teil 1 oder einem Kunstharzputz	WDVS mit wasserabweisendem Außenputz nach DIN 18550 Teil 1 oder einem Kunstharzputz
	Außenwände mit angemörtelten Bekleidungen nach DIN 18515	Außenwände mit angemörtelten Bekleidungen [1] mit Unterputz [2] und mit Fugenmörtel [3]

[1] Keramische Bekleidungen mit einem Wasseraufnahmevermögen
u ≤ 6 % bei WDVS mit einer Wärmedämmung aus Polystyrol und
u ≤ 3 % bei WDVS mit einer Wärmedämmung aus Mineralfasern
[2] Unterputz mit einem Wasseraufnahmekoeffizienten $w \leq 0,50 \text{ kg}/(m^2 \cdot h^{1/2})$
[3] Wasserabweisende Fugenmörtel müssen einen Wasseraufnahmekoeffizienten $w \leq 0,1 \text{ kg}/(m^2 \cdot h^{1/2})$ aufweisen (ermittelt nach DIN 52617)

Als **wasserhemmende** Putzsysteme werden nach DIN 18550-01 [21] Putze bestimmter Mörtelgruppen angegeben. **Wasserabweisende** Putzsysteme werden nach [21] über folgende Anforderungen definiert, die nach DIN 52615 und DIN 52617 zu prüfen sind:

- Wasseraufnahmekoeffizient w
  $w \leq 0{,}5$ kg/(m$^2 \cdot$ h^{0,5})
  (bei Prüfung im Alter von 28 d) $w \leq 1{,}0$ kg/(m$^2 \cdot$ h^{0,5})

- diffusionsäquivalente Luftschichtdicke s_d
  $s_d \leq 2{,}0$ m
  (bei Prüfung von Kunstharzputzen nach dem Feuchtebereichsverfahren entsprechend DIN 52615-01)

- Produkt $w \cdot s_d$
  $w \cdot s_d \leq 0{,}2$ kg/(m$^2 \cdot$ h^{0,5})

Die Prüfung der wasserabweisenden Eigenschaften werden im Rahmen des Zulassungsverfahrens für WDV-Systeme geprüft. Der Wasseraufnahmekoeffizient wird dabei mit Hilfe des Kapillaritätstests nach der EOTA-Leitlinie [13] ermittelt.

Im Hinblick auf den dauerhaften Schlagregenschutz ist neben der kapillaren Wasseraufnahme eine Rißbreitenbeschränkung im Putzsystem erforderlich. Dringen größere Wassermengen in das Putzsystem ein, so kann es neben der Ansammlung von aufgestautem Wasser auch im Laufe der Zeit zu Putzabplatzungen kommen. Aufgrund umfangreicher Untersuchungen [34] wird folgende auf der sicheren Seite liegende Regelung für zulässige Rißbreiten vorgeschlagen:

- Putz auf Mineralfaserdämmung $w \leq 0{,}2$ mm
- Putz auf Polystyroldämmung $w \leq 0{,}3$ mm.

Häufig wirken sich Risse im Putz auf die ästhetische Erscheinung eines Gebäudes aus, weil sich an den durchfeuchteten Putzrändern nach Regenfällen Staubansammlungen bilden oder sich die Risse aufgrund des in den Rissen gespeicherten Wassers nach dem Abtrocknen der Putzoberfläche markieren. Es ist darauf hinzuweisen, daß in stark strukturierten Putzen Risse als optisch weniger störend empfunden werden im Vergleich zu Rissen im Bereich von Glattputzen.

Spritzwasser

WDV-Systeme, die bis in den Spritzwasserbereich (≤ 30 cm über Geländeoberkante) heruntergeführt werden, sind mit einem wasserabweisenden Putzsystem auszuführen. Die erhöhten Anforderungen bezüglich der Stoßfestigkeit im Sockelbereich sind zu beachten. Desweiteren ist zu empfehlen, an den Ge-

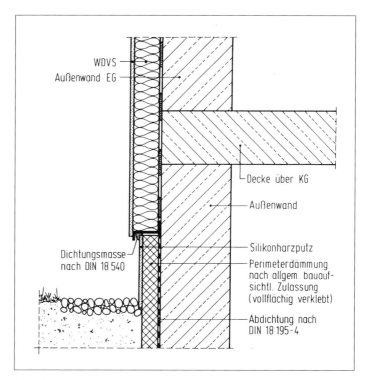

Abb. 2.6-3: Spritzwasserschutz

bäudeaußenflächen einen ca. 50 cm breiten und 20 cm tiefen Kiesstreifen anzuordnen, um die Bildung von Spritzwasser bei Niederschlägen und eine damit einhergehende Verschmutzungsgefährdung der Oberfläche zu reduzieren (Abb. 2.6-3).

WDV-Systeme sollen nicht in das Erdreich einbinden, um eine dauernde Feuchtebeanspruchung, die in jedem Fall zumindest durch Bodenfeuchtigkeit gegeben ist, auszuschließen. Sofern ein Einbinden nicht vermeidbar ist, sind im Erdreich vorzugsweise allgemein bauaufsichtlich zugelassene Perimeterdämmungen zu verwenden (vgl. auch Abschnitt 7.11.4).

Oberflächenverschmutzung

Mit zunehmender Lebensdauer der WDV-Systeme ergibt sich, wie bei anderen Bauarten auch, eine zunehmende Verschmutzung der Putzoberfläche. Diese führt zu einer Erhöhung des Absorptionsgrades für Sonnenstrahlung, die gegebenenfalls im Hinblick auf die Ermittlung der thermischen Beanspruchung zu berücksichtigen ist (Abschnitt 2.2).

31

Abb. 2.6-4: Fassadenverschmutzung

Da eine gleichmäßige Verschmutzung optisch als weniger störend empfunden wird, ist durch geeignete konstruktive Maßnahmen (Abschnitt 6) sicherzustellen, daß z.B. durch das von horizontalen Flächen (Fenster-, Sohlbänken, Attika-Abdeckblechen o.ä.) ablaufende Niederschlagswasser keine Schmutzläufer entstehen (vgl. Abb. 2.6-4). In diesem Zusammenhang sei darauf hingewiesen, daß vermeidbare Fassadenverschmutzungen nach einem Urteil des OLG Stuttgart als Baumängel zu bewerten sind [35]. Der Verursacher dieser Mängel haftet für deren Behebung.

Zu den Oberflächenverschmutzungen zählen auch die Ansiedlung von Algen und Flechten. – Die Algen zählen zu den niederen Pflanzen; es handelt sich um einzellige Organismen mit einer Gesamtgröße von etwa 10 μm [50] (Abb. 2.6-6). Die Vermehrung der Algen geschieht durch Zellteilung, wobei sie sich bei günstigen Lebensbedingungen alle vier Stunden verdoppeln. Für das Wachstum der Algen sind Wasser bzw. eine hohe relative Luftfeuchtigkeit, Licht, Kohlendioxid, Stickstoffverbindungen, Phosphate und Schwefelverbindungen erforderlich. Diese Komponenten sind in der uns umgebenden Atmosphäre vorhanden. Vornehmlich im Bereich von Seen, Biotopen oder feuchten Gebieten gedeihen Algen kräftig; aber auch an den nach Norden und Westen ausgerichteten Außenwänden wachsen Algen bei hoher Schlagregenbeanspruchung (Abb. 2.6-5).

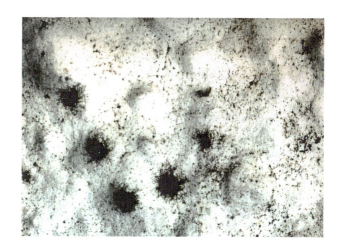

Abb. 2.6-5: Algen-
wachstum [51]
(Foto Blaich)

Abb. 2.6-6: Von Algen
befallene Fassade

Flechten stellen eine Lebensgemeinschaft von Pilzen und Algen dar. Die Algen-
zellen sind im Pilzmyzel eingebettet und so vor Austrocknung und Witterungs-
einflüssen geschützt. Während die Algen für ihre Existenz auf Wasser angewie-
sen sind, können Flechten auch auf trockenen, sonnigen Flächen wachsen. Das
zum Wachsen benötigte Wasser kann periodisch zugeführt werden; während
längerer Trockenperioden sterben Flechten nicht ab, sondern verharren in einem
Ruhezustand bis zur erneuten Zufuhr von Wasser.

Das Wachstum von Flechten und insbesondere von Algen auf Wärmedämm-
Verbundsystemen wird durch folgende Faktoren begünstigt [37]:

– Durch die gute Wärmedämmung der WDVS wird die Putzoberfläche im Winter kühl gehalten, so daß die Abtrocknung feuchter Putzoberflächen verzögert

33

wird. Damit sind für das Wachstum der Algen und Flechten günstige Lebensbedingungen gegeben.

– Während mineralische Putze Wasser schnell speichern und es auch schnell wieder abgeben, verhalten sich Kunststoffputze bzw. kunstoffmodifizierte Putze in hygrischer Hinsicht träger, so daß auch hier während längerer Zeiträume das für das Algenwachstum notwendige Wasser zur Verfügung steht. Es kommt hinzu, daß Kunststoffputze auch ein hohes Sorptionsverhalten aufweisen, so daß zusätzlich auch während längerer Zeiträume günstige Lebensbedingungen für das Algenwachstum herrschen.

– Algen und Flechten auf WDVS verursachen keine Bauschäden, weil die Algen zum Wachsen nicht die Bestandteile des Putzes assimilieren; sie beziehen ihre Nahrung aus der Umwelt. Andererseits stellt ein Algenbefall eine ästhetisch/optische Beeinträchtigung dar (Abb. 2.6-7). Als vorbeugende Maßnahme können bei Neubauten dem Putz Biozide beigefügt werden, die das Algen-/Flechtenwachstum verhindern. Nach [50] muß ein Biozid in die Algenzelle eindringen können. Dazu muß es wasserlöslich sein. Die Wasserlöslichkeit muß so groß sein, daß eine wirksame Konzentration des Biozides in die Zelle eindringen kann. Andererseits muß die Löslichkeit so gering sein, daß das Biozid vom Regen nicht ausgewaschen wird. – Insofern lassen sich keine allgemeingültigen Aussagen über die Wirkungsdauer von Bioziden treffen – nur die, daß die Wirksamkeit zeitlich auf jeden Fall begrenzt ist. Über die Umweltverträglichkeit liegen derzeit keine gesicherten Angaben vor.

2.7 Langzeitbeständigkeit

2.7.1 Glasfasergewebeeinlage

Für die Glasfaserbewehrung des Putzes ist eine ausreichende Langzeitbeständigkeit – insbesondere im Hinblick auf das alkalische Milieu des umgebenden Putzes – zu fordern.

Die Alkaliresistenz (AR) der Glasgewebe wird dabei in der Regel durch eine Kunststoffschlichte, die das Gewebe ummantelt, erzielt, da als Grundmaterial für das Gewebe meistens ein E-Glas zur Anwendung kommt, das nicht alkaliresistent ist. Der Nachweis der Langzeitbeständigkeit des Glasfasergewebes erfolgt derzeit nach einem Vorschlag des DIBt in Form einer künstlichen Alterung bei unterschiedlichen Lagerungsbedingungen entsprechend Tabelle 2.7-1.

Lagerzeit und Temperatur	Lagermedium	Mindestreißfestigkeit
Nullversuche		≥ 1,75 kN / 5 cm
28 d bei +23 °C	5 % NaOH	≥ 0,85 kN / 5 cm
6 h bei +80 °C	alkal. Lösung pH = 12,5	≥ 0,75 kN / 5 cm

Dabei müssen nach der Lagerung die Mindestwerte der Reißfestigkeit eingehalten werden.

Diese Art der Prüfung der Langzeitbeständigkeit wird derzeit in der Fachwelt kontrovers diskutiert, da auf Grundlage von Ringversuchen festgestellt wurde, daß

– die Ergebnisse sehr hohen versuchsbedingten Streuungen unterliegen und
– nahezu sämtliche am Markt vertretenen Gewebe trotz der nachgewiesenen Praxisbewährung eine unzureichende Reißfestigkeit nach Lagerung entsprechend Tabelle 2.7-1 aufweisen (Abb. 2.7-1).

Dieser Umstand wird auf die unrealistisch hohe alkalische Beanspruchung zurückgeführt und es wird des weiteren argumentiert, daß die tatsächliche Alkalität der dünnen Putzschicht durch die Karbonatisierung relativ kurzfristig abgebaut wird. Untersuchungen an der Technischen Universität Berlin haben gezeigt,

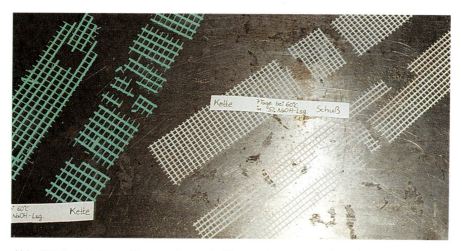

Abb. 2.7-1: Zerfallenes Glasgewebe nach Alterungstest entsprechend Tabelle 2.7-1; eine Zugprüfung des Glasgewebes konnte nicht erfolgen

daß in der Regel nach maximal 4 Wochen mineralische Leichtputzschichten so stark durchkarbonatisiert sind (pH < 8), daß eine Gefährdung der Glasfasern durch die Alkalität des Putzes ausgeschlossen ist. Weitere Untersuchungen an einem ausgeführten Objekt zeigten, daß die Reißfestigkeit des dort verwendeten Gewebes von einer Anfangsfestigkeit von 1,6 kN/5 cm nur geringfügig auf 1,5 kN/5 cm nach 15-jähriger Standzeit abgenommen hat, während bei gleichem Gewebe nach künstlicher Alterung die Mindestreißfestigkeit nicht eingehalten wird.

Anders verhält es sich mit WDVS mit angemörtelten keramischen Bekleidungen. Hier zeigten Untersuchungen, daß noch nach zwei Jahren eine relativ hohe Alkalität im Unterputz vorhanden ist (pH > 11), da die Keramik das Einwirken des in der Luft vorhandenen Kohlendioxids auf den Unterputz – und damit die Karbonatisierung – verhindert. Da die Bewehrung des Unterputzes aber langfristig seine Festigkeit behalten muß, ist eine besonders alkaliresistente Bewehrung bei WDVS mit keramischer Bekleidung zu fordern. Nach den allgemeinen bauaufsichtlichen Zulassungen wird eine Prüfung entsprechend den Regelungen des DIBt gefordert.

Es sei in diesem Zusammenhang darauf hingewiesen, daß es möglich ist, statt eines Gittergewebes auch eine mit alkaliresistenten Glasfasern bewehrte Spritz-Putzschicht aufzubringen [38]. Langzeiterfahrungen oder eine allgemeine bauaufsichtliche Zulassung für diese Art der Putzbewehrung liegen derzeit jedoch noch nicht vor.

2.7.2   Dübel

An die Dübel in WDVS werden im Hinblick auf die Langzeitbeständigkeit folgende Anforderungen gestellt:

– Korrosionssicherheit
– Begrenzung der wechselnden Dübelkopfauslenkung

Für die Dübelschrauben ist ein hinreichender Korrosionsschutz gefordert. Sofern keine nichtrostenden Stähle verwendet werden, erfolgt eine Verzinkung der Schrauben. Der Schraubenkopf wird wegen seiner exponierten Lage gegen Korrosion zusätzlich durch einen punktuellen Korrosionsschutzanstrich geschützt, wenn er mit dem Unterputz direkt in Berührung kommt; bei vertieft angeordneten Schraubenköpfen wird die Schraubenhülse durch eine Kappe geschlossen, so daß der Schraubenkopf gegen Wasserzutritt geschützt ist.

Infolge der hygrothermischen Wechselbeanspruchung der Putzschicht ergibt sich eine wechselne Dübelkopfauslenkung (Abschnitt 5.3). Im Hinblick auf die Langzeitbeständigkeit der Dübel ist entsprechend den bauaufsichtlichen Dübelzulassungen nachzuweisen, daß die Schwingungsbreite begrenzt wird. Dabei wird festgelegt, daß der Spannungsausschlag σ_A um den Mittelwert σ_M die Größe 50 N/mm² nicht überschreiten darf, wenn die Lastspielzahl N ≥ 10⁴ beträgt [7].

Auf Grundlage einer Abschätzung ergibt sich nach [7], daß bei üblichen WDV-Systemen und Dübeln des Durchmessers von 8 mm die o.g. σ_A-Bedingung in der Regel eingehalten wird. Bei WDV-Systemen mit größerer Dehnsteifigkeit des Putzsystems und/oder geringeren Dämmstoffdicken und Dübeln größeren Durchmessers (z.B. Ø 10 mm) sind Spannungsüberschreitungen möglich.

2.7.3 Dämmstoffe

Im Hinblick auf die Dauerhaftigkeit von Polystyroldämmstoffen ist auf die Alterung durch UV-Strahlung hinzuweisen.

So darf die Polystyroldämmung nicht über längere Zeiträume – gemeint sind mehrere Wochen – der Sonnenstrahlung ausgesetzt sein, da sich infolge oberflächennaher Alterung abmehlende Zersetzungsprodukte bilden, die keine ausreichende Haftung zwischen Dämmplatte und Unterputz gewährleisten.

Abb. 2.7-2: Entfernen des »Staubes« von durch UV-Strahlen beanspruchten Polystyrol-Dämmplatten

Um einen hinreichenden Haftgrund wieder herzustellen, ist die Dämmung bis in ausreichende Tiefe abzuschleifen und vom Schleifstaub gründlich zu säubern (Abb. 2.7-2).

In [34] werden Untersuchungen zum Alterungsverhalten von Dämmstoffen unter simulierter klimatischer Wechselbeanspruchung beschrieben. Dabei wurden als künstliche Bewitterung

– Wärme-Feuchte-Zyklen mit
  – Beregnung oder
  – Wasserlagerung,

– Frost-Tau-Wechsel mit
  – Beregnung oder
  – Wasserlagerung und

– Diffusionstests (Wasserdampf, Wärme und Befrostung)

sowie Kombinationen davon durchgeführt und die Änderungen der Material-eigenschaften der Haftzugfestigkeit sowie des Schubmoduls bestimmt. Die Ergebnisse dieser Untersuchungen lassen sich wie folgt zusammenfassen:

– Bei den Versuchen an Polystyrolsystemen wurden keine signifikanten Veränderungen der Haftzugfestigkeit infolge Bewitterung festgestellt.

– Bei den Systemen mit Mineralfaserdämmung wurde unter Feuchteeinwirkung ein erheblicher Abfall der Haftzugfestigkeit ermittelt. Dieser ist auf eine Schwächung der Faserbindung durch eindiffundierende OH-Gruppen zurückzuführen. Die prozentualen Festigkeitsverluste waren bei Mineralfaser-Dämmplatten in der Regel größer als bei Mineralfaser-Lamellen; ein Beweis dafür, daß bei Mineralfaser-Lamellen mit ihrer vorwiegend senkrecht zur Plattenebene ausgerichteten Fasern die Mineralfasereigenfestigkeit wirksam wird. Die Restfestigkeit der Lamellensysteme und der Systeme mit Mineralfaser-Dämmplatten Typ HD wiesen auch nach Bewitterung noch eine hohe Sicherheit ($\gamma \approx 5$) gegenüber der maximalen Windsoglast (2,2 kN/m^2) auf.

– Bei Mineralfaser-Lamellen und Mineralfaser-Dämmplatten HD wurde eine vergleichbare Abminderung der Schubsteifigkeit in Abhängigkeit von der Bewitterungsdauer auf ca. 25 bis 50 %, bezogen auf nichtbewitterte/ungealterte Platten, festgestellt.

Die Ergebnisse verdeutlichen, daß eine Durchfeuchtung von Wärmedämm-Verbundsystemen mit Mineralfaser-Dämmung zwingend ausgeschlossen werden muß. Dieses gilt auch für den Bauzustand. Längere Zeit der Witterung ausgesetzte Mineralfaser-Dämmplatten sind ggf. zu entfernen oder eine Überprüfung der ausreichenden Querzugfestigkeit durchzuführen.

2.8 Eignung der WDVS als Korrosionsschutz

Insbesondere bei dreischichtigen Außenwandelementen des Großtafelbaues werden häufig Schäden infolge Korrosion der Bewehrung in der Vorsatzschicht/Wetterschutzschicht vorgefunden (Abb. 2.8-1).

Wie Labor- und Freilanduntersuchungen an der Technischen Universität Berlin zeigten [25], kann der Korrosionsfortschritt gestoppt werden, wenn der Gleichgewichtsfeuchtegehalt des Betons der Vorsatzschicht unter einen kritischen Wert von ca. 80 % r.F. absinkt (Abb. 2.8-2) und damit eine notwendige Voraussetzung für Korrosion – das Vorhandensein eines Elektrolyts – nicht mehr gegeben ist.

Abb. 2.8-1: Korrodierte Bewehrung in der äußeren Betonschicht (Wetterschutzschicht/-Vorsatzschale) einer dreischichtigen Betonaußenwand (Betonsandwichwand)

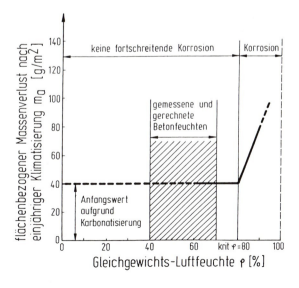

Abb. 2.8-2: Korrosionsbeginn einer Stahlbewehrung im karbonatisierten Beton in Abhängigkeit vom Gleichgewichtsfeuchtegehalt des Betons

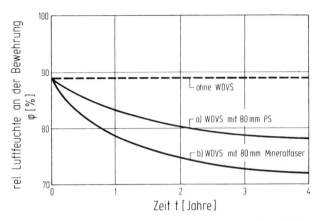

Abb. 2.8-3: Langfristige Austrocknung der Wetterschutzschicht einer dreischichtigen Außenwand nach dem Aufbringen von WDV-Systemen

a Polystyroldämmung mit Kunstharzputz
b Mineralfaserdämmung mit mineralischem Putz

Durch ein nachträgliches Aufbringen einer zusätzlichen Wärmedämmaßnahme trocknen die dahinterliegenden Bauteilschichten – insbesondere der Vorsatzschichtbeton – langfristig aus, wie Messungen an ausgeführten Objekten und instationäre Feuchtestromberechnungen ergaben (Abb. 2.8-3).

Selbst unter Ansatz einer extremalen Schlagregenbeanspruchung in einer exponierten Hochhauslage sinkt der Gleichgewichtsfeuchtegehalt des Vorsatzschichtbetons

– bei Polystyrol-WDV-Systemen mit Kunstharzputz ca. 2 Jahre nach Ausführung und
– bei Mineralfaser-WDV-Systemen mit mineralischem Putz bereits ca. 0,5 Jahre nach Ausführung

unter den o.g. kritischen Wert von 80 % r.F. ab (Abb. 2.8-3).

Wird ein Korrosionsschutz mit WDV-Systemen geplant, ist zunächst der vorhandene Zustand der zu bekleidenden Wandkonstruktion mit einer ausreichenden Anzahl von Stichproben zu überprüfen. Folgende Untersuchungen sind durchzuführen:

– Rißbildung (Rißverlauf, Rißbreite)
– Korrosionszustand der vorhandenen Bewehrung,
– Karbonatisierungstiefe des Betons,
– Betondeckung,
– Betongüte und
– Stahlgüte der Verankerungselemente zwischen Vorsatzschicht und Tragschicht.

Dabei ist zu überprüfen, ob die vorhandene Konstruktion auch nach Aufbringen der Zusatzlasten aus dem WDV-System tragfähig ist (Abschnitt 5.6). Im Hinblick auf die Bewertung der Dauerhaftigkeit ist zu berücksichtigen, daß der Korrosionsschutz für die Bewehrung im Beton – in Abhängigkeit vom gewählten WDV-System – erst nach 0,5 bis 2,0 Jahren wirksam wird (vgl. Abb. 2.8-3).

2.9   Rißüberbrückungsfähigkeit

WDV-Systeme müssen begrenzte Bewegungen des Untergrundes – wie z.B. im Bereich von Rissen – schadensfrei überbrücken können.

Insbesondere im Zusammenhang mit der nachträglichen Dämmung von Gebäuden in Großtafelbauart ergab sich die Frage, ob WDV-Systeme die hygrothermisch bedingten Fugenbewegungen zwischen Vorsatzschichten von Dreischichtenplatten (Abb. 2.9-1) aufnehmen können.

In [15] wurde die Größe der Fugenbewegungen sowohl rechnerisch unter Berücksichtigung der maßgebenden Klimawerte (Lufttemperatur, Sonnenstrahlung, relative Luftfeuchte und Schlagregenbeanspruchung) ermittelt, als auch an einem bestehenden Gebäude gemessen.

Im ersten Schritt wurden die Berechnungsergebnisse mit den gemessenen Fugenbewegungen unter Berücksichtigung der tatsächlichen klimatischen Rand-

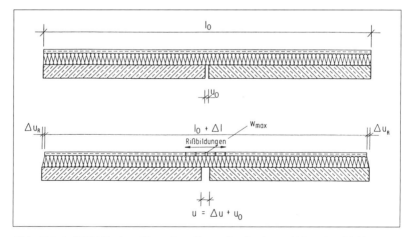

Abb. 2.9-1: WDV-System über einer Fuge, die durch zwei Vorsatzschichten von Dreischichtenplatten gebildet wird

bedingungen verglichen und eine gute Übereinstimmung zwischen Messung und Rechnung festgestellt, so daß die Berechnungsmethode damit bestätigt wurde.

Im zweiten Schritt wurden unter Zugrundelegung der bemessungsmaßgebenden Klimawerte (5-%-Fraktilwert mit 75-%-iger Aussagewahrscheinlichkeit) aus den Klimadaten von drei repräsentativen Orten in den neuen Bundesländern (Arkona (Rügen), Potsdam, Dresden) für einen Zeitraum von 20 Jahren die charakteristischen Klimawerte ermittelt (Abschnitt 2.2). Bei der Berechnung der extremalen Fugenbewegungen wurde auf Grundlage der statistischen Auswertung von einem charakteristischen Tagesmittelwert der Lufttemperatur von ϑ_{Einbau} = +24 °C beim Aufbringen des Wärmedämm-Verbundsystems ausgegangen.

Nach dem Aufbringen des Wärmedämm-Verbundsystems trocknet, wie in Abschnitt 2.8 bereits beschrieben, die Vorsatzschicht der Dreischichtenplatte über einen Zeitraum von mehreren Jahren aus. Hieraus ergibt sich der erläuterte positive Effekt, daß der Korrosionsfortschritt, der in der Vorsatzschicht liegenden Bewehrung, wirksam gestoppt wird. Andererseits führt aber die Austrocknung dazu, daß sich die Vorsatzschichten hinter dem Wärmedämm-Verbundsystem verkürzen.

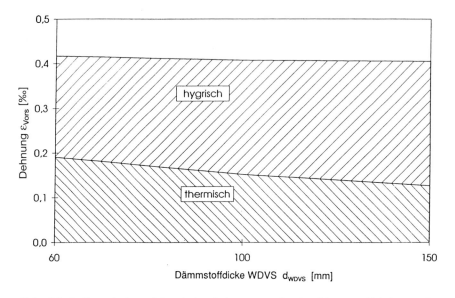

Abb. 2.9-2: Thermisch und hygrische Dehnungsanteile des Vorsatzschichtbetons in Abhängigkeit von der Dämmstoffdicke eines mineralischen WDV-Systems, bezogen auf eine Einbautemperatur von ϑ_{Einbau} = + 24 °C und eine Initialfeuchte der Vorsatzschicht von φ_{Einbau} = 97 % r.F.

Unter Zugrundelegung einer Gleichgewichtsfeuchte der Vorsatzschicht von 97 % r.F. beim Aufbringen des WDVS, die im Rahmen der Feldversuche mehrfach gemessen wurde, trocknet die Wand auf bis zu ca. 45 % r.F. aus. Der hohe Anfangsfeuchtegehalt ergibt sich dann, wenn das Wärmedämm-Verbundsystem nach einer längeren Regenperiode auf die Wände aufgebracht wird, die Wände zum Verkleben vorgenäßt werden oder freies Wasser aus dem Klebemörtel kapillar vom Vorsatzschichtbeton aufgenommen wird.

Unter Ansatz einer Einbautemperatur von ϑ_{Einbau} = +24 °C ergibt sich aus der Überlagerung der thermisch und hygrisch bedingten Verformungsanteile eine Dehnung des Vorsatzschichtbetons von ca. 0,4 ‰ (Abb. 2.9-2). Größere Dämmstoffdicken reduzieren naturgemäß den thermisch bedingten Anteil der Fugenbewegung, der jedoch durch den hygrisch bedingten Anteil – insbesondere aus der mehrjährigen Austrocknung – in annähernd gleicher Größe kompensiert wird (Abb. 2.9-2).

Bei planmäßiger Ausführung einer Betonsandwichwand (Dreischichtenplatte) wird somit unabhängig von der nachträglich aufgebrachten Dämmschicht des Wärmedämm-Verbundsystems eine maximale Fugenaufweitung im Bereich der Vertikalfugen zwischen zwei 6 m-Wandelementen ermittelt zu:

max Δf = 2,4 mm bei ϑ_{Einbau} = +24 °C

max Δf = 2,0 mm bei ϑ_{Einbau} = +15 °C

Zur Abschätzung der überbrückbaren Fugenaufweitungen unterschiedlicher Wärmedämm-Verbundsysteme wurden sowohl Berechnungen (Universität Bochum, Technische Universität Berlin, Universität Dortmund) als auch Versuche in Reißrahmen unter Klimawechselbeanspruchung (Universität Bochum, Technische Universität Berlin) durchgeführt.

Die Ergebnisse dieser Untersuchungen bilden die Grundlage für die Aufnahme oder den Ausschluß des Anwendungsbereiches der »Großtafelbauart mit Dreischichtenplatten« in der bauaufsichtlichen Zulassung der einzelnen Systeme. Dabei ist im Rahmen der Versuche oder Berechnungen nachzuweisen, daß infolge der o.g. Fugenaufweitung im Untergrund ggf. auftretende Risse im Putz des WDV-Systems in ihrer Breite auf w ≤ 0,2 mm begrenzt werden.

2.10   Untergrundbeschaffenheit

Der Untergrund, auf den WDV-Systeme aufgebracht werden, muß

– tragfähig,
– staubfrei und
– ölfrei sowie
– ausreichend eben

sein.

Bei Neubauten gelten Wände aus Mauerwerk nach DIN 1053 und Beton nach DIN 1045 auch für rein verklebte WDV-Systeme als ausreichend tragfähig. Bei Bauten im Bestand mit Altputzen oder Altanstrichen ist für ausschließlich verklebte Systeme durch stichprobenartige Haftzugversuche nachzuweisen, daß die Mindestabreißfestigkeit σ_{HZ} für Systeme mit teilflächiger Verklebung von 40 % mindestens 80 kN/m² und bei vollflächiger Verklebung mindestens 30 kN/m² beträgt.

Bei verklebten Systemen müssen die Oberflächen frei von Verschmutzungen, wie z.B. Staub, Ölen, Fette, Algen o.ä. sein. Bei Altanstrichen muß die Verträglichkeit (z.B. mit kunststoffmodifizierten Klebemörteln) überprüft werden, da negative Wechselwirkungen – wie Verseifungen –, die zu einer Abminderung der Haftzugfestigkeit führen, nicht auszuschließen sind.

Bei verdübelten Systemen sind – sofern die Materialgüte der Wandbaustoffe nicht zweifelsfrei aus Planungsunterlagen zu entnehmen sind – stichprobenartige Ausziehversuche durchzuführen, um die zulässige Dübelauszugskraft festlegen zu können. Gleiches gilt bei Wandbaustoffen, für die in der bauaufsichtlichen Zulassung der Fassadendübel keine Angaben zu den zulässigen Dübelauszugskräften gemacht werden.

Im Hinblick auf die erforderliche Ebenheit des Untergrundes sind u.a. nach [28] folgende Anforderungen zu stellen:

– Verklebte Systeme: e ≤ 1 cm bezogen auf eine Meßlänge von 1,0 m

– Verklebte und gedübelte Systeme:

                                  e ≤ 2 cm bezogen auf eine Meßlänge von 1,0 m

– mechanisch befestigte Systeme:

                                  e ≤ 3 cm bezogen auf eine Meßlänge von 1,0 m

Bei größeren Unebenheiten müssen gegebenenfalls Ausgleichsmörtelschichten aufgebracht werden.

3   WDVS-Konstruktionen im Überblick

3.1   Vorbemerkung

Derzeit wird eine Vielzahl unterschiedlicher WDV-Systemvarianten angeboten. In Abb. 3.1-1 sind die üblichen Systeme in Abhängigkeit von

– der Verankerung an der tragenden Konstruktion,
– dem gewählten Wärmedämmstoff sowie
– der Art der Beschichtung

zusammengestellt.

Da die Eigenschaften von WDV-Systemen wesentlich durch die Abstimmung der Materialkomponenten – wie z.B. der Kombination von Dämmung und Putzsystem, von Unter- und Oberputz – bestimmt werden, dürfen nur systemkonforme Materialien verwendet werden. Der Austausch einzelner Komponenten oder die Kombination einzelner Komponenten unterschiedlicher Hersteller ist unzulässig.

Die allgemeinen bauaufsichtlichen Zulassungen sind somit auch als »System-Zulassungen« zu verstehen, da im Rahmen der Zulassungsprüfungen – insbesondere im Hinblick auf die Gebrauchsfähigkeit – Systemprüfungen durchgeführt werden.

Die im folgenden beschriebenen Systeme werden nach der derzeit beim zuständigen Sachverständigenausschuß des DIBt üblichen Klassifizierung eingeteilt.

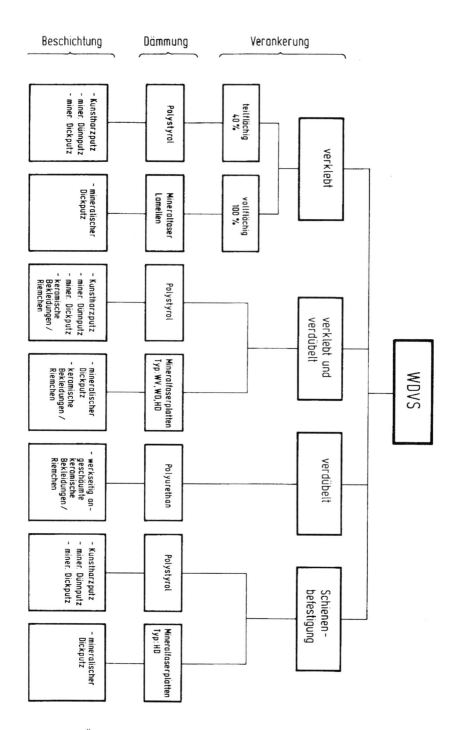

Abb. 3.1-1: Übersicht marktüblicher WDV-Systeme

3.2   Geklebte Polystyrolsysteme

Bei geklebten Polystyrolsystemen (Abb. 3.2-1) werden die Polystyrolplatten – in der Regel PS 15 SE nach DIN 18164-01 Anwendungstyp W (PS-W-040-B1) [26] (Abschnitt 4.2.1) – mit einem Flächenanteil von ca. 40 % am Verankerungsgrund verklebt. Als Mindesquerzugfestigkeit werden $\sigma_{QZ} \geq 100$ kN/m^2 gefordert.

Die Anforderungen an den Verankerungsgrund für verklebte Systeme entsprechend Abschnitt 2.10 sind zu berücksichtigen. Die flächenanteilige Verklebung erfolgt nach der Wulst-Punkt-Methode. Dabei wird die Plattenrückseite mit einem an den Rändern umlaufenden Wulst versehen und zusätzlich in Plattenmitte ein Klebestreifen oder zwei Mörtelbatzen gesetzt (Abb. 3.2-2).

Durch den umlaufenden Wulst soll sichergestellt werden, daß eine Verschiebung der Dämmplattenränder infolge Temperaturänderungen oder Restschwinden sowie insbesondere ein Aufschüsseln der Platten behindert wird und damit eine Zwangsbeanspruchung des Putzes im Dämmplattenstoßbereich erheblich reduziert wird.

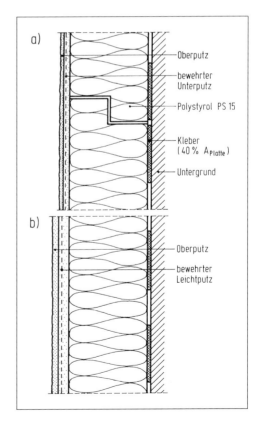

Abb. 3.2-1: Geklebtes Polystyrolsystem
a Unterputz d = 4 bis 6 mm
b Unterputz aus bewehrtem Leichtputz

47

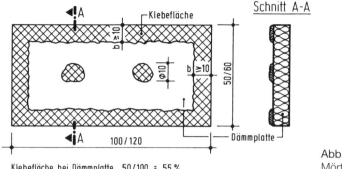

Schnitt A-A

Abb. 3.2-2:
Mörtelauftrag nach der
Wulst-Punkt-Methode

Klebefläche bei Dämmplatte 50/100 ≈ 55%
Klebefläche bei Dämmplatte 60/120 ≈ 46%

Die Polystyrolplatten, die im Verband zu verlegen sind, werden anschließend am Verankerungsgrund angesetzt und durch ein leichtes Hin- und Herschieben in Plattenebene bei gleichzeitigem Andruck so an den bereits verlegten Platten ausgerichtet, daß die Verlegung »preß« und eben – ohne Versatz – erfolgt.

Dabei erweist sich eine Plattenrandausbildung mit Stufenfalz als hilfreich. Ein gegebenenfalls entstandener Versatz in der Plattenebene muß abgeschliffen werden, um eine unstetige Putzdickenänderung und eine damit einhergehende Rißgefährdung des Putzes zu verhindern.

Die in den Entwicklungsjahren bei Polystyrolsystemen vereinzelt aufgetretenen Rißbildungen im Putz oberhalb der Dämmstoffplattenstöße waren auf das Schwindverhalten der Dämmplatten infolge des Ausdiffundierens von Treibmitteln zurückzuführen. Dieser Schwindvorgang erstreckt sich über 4 bis 5 Jahre (Abb. 3.2-3). Da der überwiegende Anteil der Schwindverkürzungen innerhalb der ersten zwei Monate nach Herstellung erfolgt ist, werden von den Systemanbietern nur noch »ausreichend abgelagerte« Dämmplatten ausgeliefert. Als

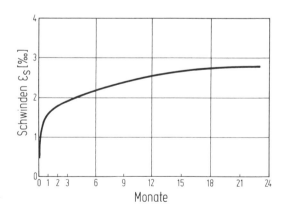

Abb. 3.2-3: Schwindkurven von Polystyrol-Hartschaumplatten. Deutlich erkennbar ist, daß das Schwinden in den ertsen drei Monaten am größten ist [53]

»ausreichend abgelagert« gelten Dämmplatten, deren irreversible Längenänderung $\leq 0{,}15$ % beträgt.

Auf die Dämmplatten wird in der Regel ein mineralisches kunstharzmodifiziertes Putzsystem (Marktanteil ca. 90 %), seltener ein reines Kunstharzsystem (Marktanteil ca. 10 %) aufgebracht. Bei den mineralischen Putzsystemen kommen entweder Dünn- oder Dickputzsysteme zur Anwendung.

3.3 Systeme mit geklebten und gedübelten Mineralfaser-Dämmplatten

Bei geklebten und gedübelten Mineralfaser-Dämmplattensystemen (Abb. 3.3-1) erfolgt zusätzlich zur Verklebung nach der Wulst-Punkt-Methode eine Verdübelung. Dabei ist zwischen Systemen,

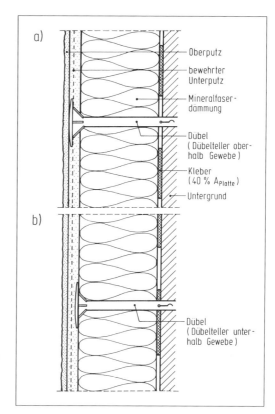

Abb. 3.3-1: Geklebte und gedübelte
Mineralfaserdämmplattensysteme

a Dübelteller umfaßt Gewebe
b Dübelteller unterhalb Gewebe

- bei denen der Dübelteller direkt auf der Dämmplattenoberseite aufliegt und
- bei denen der Dübelteller das Gewebe umfaßt

zu unterscheiden (Abb. 3.3-1).

Bei Gebäudehöhen über 8 m dürfen nur bauaufsichtlich zugelassene Dübel verwendet werden. Die erforderliche Anzahl der Dübel ist der allgemeinen bauaufsichtlichen Zulassung in Abhängigkeit von den jeweiligen Windsog-Bereichen sowie der Lage des Dübeltellers zu entnehmen.

Da eine dauerhafte Wirksamkeit der Verklebung beim Standsicherheitsnachweis in der Regel nicht vorausgesetzt wird, können gedübelte Systeme auch bei ungünstigerem Untergrund (Altputz etc.) Anwendung finden. Mindestanforderungen an die Abreißfestigkeit des Untergrundes werden somit nicht gestellt.

Als Mineralfaser-Dämmplatten kommen solche vom Typ WV und WD (Mindestquerzugfestigkeit i.M. $\sigma_{QZ} \geq 7,5$ kN/m²) nach DIN 18165-01 [4] sowie vom Typ HD, bei denen über [4] hinausgehend eine Mindestquerzugfestigkeit von $\sigma_{QZ} \geq 14$ kN/m² gefordert wird, zur Anwendung.

3.4 Systeme mit geklebten Mineralfaser-Lamellenplatten

Mineralfaser-Lamellenplatten sind dadurch gekennzeichnet, daß die Mineralfasern vorwiegend senkrecht zur Plattenebene ausgerichtet sind und daß somit eine derart hohe Querzugfestigkeit – Mindestanforderung $\sigma_{QZ} \geq 100$ kN/m² –

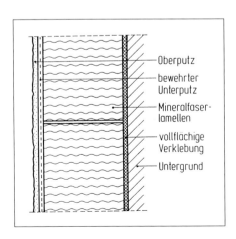

Oberputz

bewehrter
Unterputz

Mineralfaser-
lamellen

vollflächige
Verklebung

Untergrund

Abb. 3.4-1: Vollflächig verklebtes Mineralfaserlamellensystem

gegeben ist, daß eine reine Verklebung am Verankerungsgrund zur Aufnahme der Windsogkräfte ausreichend ist (Abb. 3.4-1). Dabei wird eine vollflächige Verklebung (100 %) vorgeschrieben. Um eine ausreichende Haftung des Klebers auf der Lamellenoberfläche zu gewährleisten, muß der Kleber in einem ersten Arbeitsschritt in die Oberfläche der Mineralfaser-Lamellenplatte »einmassiert« werden, bevor der eigentliche Kleberauftrag erfolgt.

Bei Verwendung vorbeschichteter Lammellenplatten darf der Klebemörtel auch vollflächig auf den Untergrund aufgetragen werden. Unmittelbar vor dem Ansetzen der Lammellenplatten ist der Klebemörtel mit einer Zahntraufel aufzukämmen. Die Dämmstoffplatten sind unverzüglich, spätestens nach zehn Minuten mit der beschichteten Seite in das frische Klebemörtelbett einzudrücken, einzuschwimmen und anzupressen. Für beschichtete Platten können Sonderregelungen geltend gemacht werden (50 % Verklebung) wenn entsprechende Nachweise vorgelegt werden.

Im Bereich erhöhter Windsoglasten im Randbereich eines Gebäudes oberhalb 20 m ist eine zusätzliche Verdübelung mit bauaufsichtlich zugelassenen Dübeln (Dübelteller $\geq$ 140 mm) erforderlich. Die erforderliche Anzahl der Dübel ist den bauaufsichtlichen Zulassungen der Lamellensysteme zu entnehmen.

Auf die Mineralfaserlamellen wird in der Regel ein mineralisches, kunstharzmodifiziertes Putzsystem aufgebracht.

3.5 WDVS mit Schienenbefestigung

Seit mehreren Jahren werden WDV-Systeme mit einer Schienenbefestigung (Abb. 3.5-1) angeboten, die den Vorteil haben, größere Unebenheiten des Untergrundes (Abschnitt 2.10) durch Distanzscheiben ausgleichen zu können.

Die Wärmedämmstoff-Platten sind stirnseitig umlaufend mit einer Nut versehen, in die horizontale Befestigungsschienen sowie vertikale T-Profile greifen.

Bei Systemen mit Polystyrol-Dämmplatten PS 15, die eine Abreißfestigkeit von $\sigma_{QZ} \geq$ 150 kN/m² aufweisen müssen, werden im Abstand a = 50 cm horizontale PVC-Befestigungsschienen angeordnet, die im Abstand von e = 30 cm mit Dübeln Ø 10 mm im tragenden Untergrund und somit mit 6,7 Dübeln/m² verankert sind. Im Abstand a = 50 cm sind vertikale PVC-T-Profile angeordnet, die an ihren Enden ausgeklinkt sind und in diesem Bereich unter den Flansch des horizontalen Profils greifen.

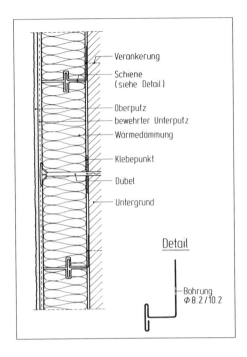

Detail

Bohrung
Φ 8.2 / 10.2

Abb. 3.5-1: WDV-Systeme mit Schienenbefestigung

Bei Systemen mit Mineralfaser-Dämmplatten HD ($\sigma_{QZ} \geq 14$ kN/m^2) werden vergleichbare Profile in der Regel aus Aluminium verwendet. Der Abstand der horizontalen Schienen beträgt a = 62,5 cm, der der vertikalen Profile a = 80 cm. Die horizontalen Profile werden meistens im Abstand von e = 30 cm verankert.

Neben der Schienenbefestigung wird für die Dämmplatte die Anordnung eines zusätzlichen Mörtelbatzens in Plattenmitte gefordert. Dabei wird bei Systemen mit Polystyrol-Dämmplatten eine 10-prozentige Verklebung, also ein Mörtelbatzen, bei Systemen mit Mineralfaserplatten eine 20-prozentige Verklebung, also zwei Mörtelbatzen, ausgeführt.

Aus wärmeschutztechnischen Gründen wird ein durchgehender Klebemörtelwulst am unteren sowie oberen Rand des WDV-Systems sowie im Bereich von Fensteröffnungen gefordert, um ein Hinterströmen der Dämmplatten durch die Außenluft zu verhindern.

Zur Aufnahme der Windsoglasten wird bei Mineralfasersystemen die zusätzliche Verdübelung (Dübelteller Ø > 60 mm) in Plattenmitte entsprechend Tabelle 3.5-1 erforderlich.

Bei Systemen mit Polystyrol-Dämmplatten kann im Randbereich über 8 m ein Zusatzdübel (Dübelteller Ø 60 mm) erforderlich werden.

Als Putzsysteme werden die in Abschnitt 3.2 beschriebenen eingesetzt.

Tab. 3.5-1: Erforderliche Anzahl von Zusatzdübeln je Dämmplatte bei schienenbefestigten WDV-Systemen mit Mineralfaserdämmplatten Typ HD (Systemeigenlast g ≤ 30 kg/m²)

Höhe	Normalbereich	Randbereich
0 – 8 m	1	2
8 – 20 m	1	2
20 – 100 m	1	4

3.6 Sonderkonstruktionen

3.6.1 WDVS mit Putzträger-Verbundplatten

In den 70er und 80er Jahren wurden WDV-Systeme mit Putzträger-Verbundplatten entsprechend Abb. 3.6-1 angeboten. Die Verankerung des Wärmedämm-Verbundsystems in der tragenden Wand erfolgte nur durch Dübel.

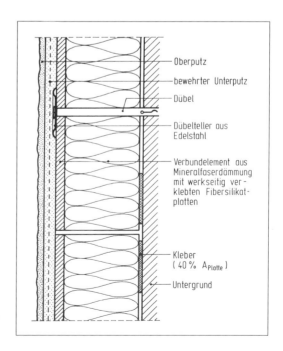

Abb. 3.6-1: WDV-System mit Putzträger-Verbundplatten

Da es sich bei den Verbundplatten um Mineralfaser-Dämmplatten mit aufge-klebten Fibersilikatplatten handelte, einen nichtgenormten Baustoff, wurde die-se Platten bereits nach dem damaligen Baurecht (Abschnitt 1) zulassungspflich-tig. Dabei ist anzumerken, daß nach dem damaligen Stand der Regelung weder die Gebrauchsfähigkeit noch die Dauerhaftigkeit Gegenstand einer Zulassung waren.

Aufgrund mehrerer Schadensfälle in Form von systematischen Putzrißbildungen im Bereich der Plattenstöße wurde das System vom Markt genommen.

3.6.2   Belüftete Konstruktionen mit Putzbeschichtung

Derzeit bestehen eine Vielzahl von hinterlüfteten Außenwandbekleidungen mit Putzbeschichtungen, bei denen auf eine Unterkonstruktion aus Holz oder Alu-minium Putzträgerplatten – z.B. aus Fibersilikatplatten oder aus kunstharzge-bundenem Altglas-Schrot – befestigt werden (Abb. 3.6-2).

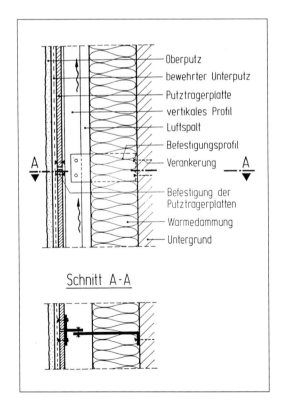

Oberputz
bewehrter Unterputz
Putztragerplatte
vertikales Profil
Luftspalt
Befestigungsprofil
Verankerung
Befestigung der Putztragerplatten
Warmedammung
Untergrund

Schnitt A-A

Abb. 3.6-2: Belüftete Außenwand-bekleidung mit Putzbeschichtung

Bei diesem System ist der Problematik der Zwangsbeanspruchung des Putzes im Bereich Stöße der Putzträgerplatten besondere Beachtung zu schenken.

Im Rahmen der vorliegenden Veröffentlichung wird auf diese Systeme nicht weiter eingegangen, da es sich nicht um Wärmedämm-Verbundsysteme im eigentlichen Sinne, sondern um belüftete Außenwandkonstruktionen im Sinne von DIN 18516 handelt.

3.6.3 WDVS mit keramischer Bekleidung

3.6.3.1 Angesetzte keramische Bekleidung

Der grundsätzliche Aufbau eines WDV-Systems mit keramischer Bekleidung ist in Abb. 3.6-3 dargestellt. Damit die Tragfähigkeit – und insbesondere auch die Dauerhaftigkeit – eines solchen System gewährleistet ist, müssen die im folgenden aufgeführten Anforderungen erfüllt sein:

A Keramische Bekleidung

a Porengrößenverteilung nach DIN 66133

Für keramische Bekleidungen, die mit herkömmlichem Dünnbettmörtel gemäß DIN 18515-1, Abschnitt 4.9, bzw. Ansetzmörtel nach Abschnitt 4.8 der gleichen Norm angesetzt werden, wird die Einhaltung folgender Grenzwerte für die Keramikrückseite gefordert:

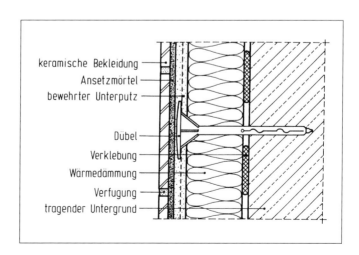

keramische Bekleidung
Ansetzmörtel
bewehrter Unterputz
Dübel
Verklebung
Wärmedämmung
Verfugung
tragender Untergrund

Abb. 3.6-3: WDV-System mit keramischer Bekleidung

- Porenvolumen im Bereich der haftvermittelnden Schicht*) (Keramikrückseite)
  $V_p \geq 20$ mm³;/g (Abb. 3.6-4 bis 3.6-7)

- Porengrößenverteilung der haftvermittelnden Schicht*) (Keramikrückseite) mit
  einem Porenradienmaximum
  $r_p > 0{,}20$ µm ($r_p > 2 \cdot 10^{-4}$ mm) (Abb. 3.6-4)

  *)Bei inhomogenen, geschichteten keramischen Produkten ist zur Prüfung dieser Eigen-
  schaften bei der Probenvorbereitung ein Dünnschnitt der rückseitigen Schicht der Fliese
  oder Platte erforderlich.

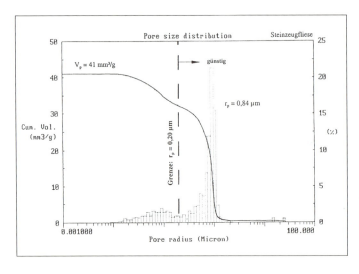

Abb. 3.6-4: Poro-
gramm einer Stein-
zeugfliese (DIN EN
176) mit sehr guten
Hafteigenschaften

Abb. 3.6-5: Über-
wiegend Kohä-
sionsbrüche im
Mörtel bei den
durchgeführten
Haftzugfestigkeit-
sprüfungen für die
in Abb. 3.6-4
untersuchten
Steinzeugfliesen
[33]. Ermittelte
Haftzugfestigkeit
$\beta_{HZ} = 1{,}5$ N/mm²

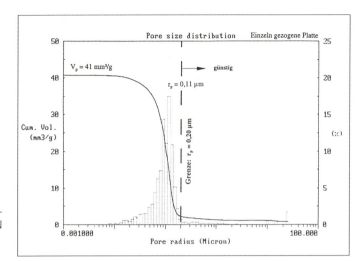

Abb. 3.6-6: Porogramm einer Steinzeugplatte (DIN EN 176) mit ungünstigen

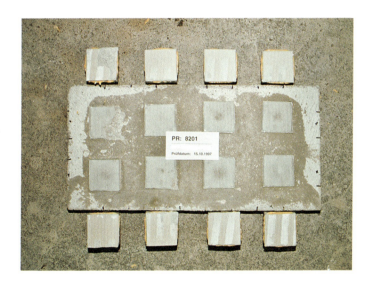

Abb. 3.6-7: Überwiegend Adhäsionsbrüche im Bereich Keramik/Ansetzmörtel für die in Abb. 3.6-6 untersuchten Steinzeugplatten [33]. Ermittelte Haftzugfestigkeit $\beta_{HZ} = 0,2$ N/mm²

Keramische Fliesen oder Platten, die die o.g. Anforderungen *nicht* erfüllen, können nicht mit Mörteln nach DIN 18515-1, Abschnitt 4.9 oder Abschnitt 4.10 angesetzt werden. Diese Produkte müssen verklebt werden. Hierfür stehen geeignete, hochvergütete Ansetzmörtel zur Verfügung, bei denen das Verhältnis Kunstharz zu Zement > 6 % betragen muß (in der Regel Kunstharz/Zement ≈ 20 %). Für die Verwendung dieser keramischen Produkte ist ein Prüfzeugnis mit dem Nachweis der Eignung des vorgesehenen Mörtels erforderlich.

Die aufgestellten Grenzwerte wurden sowohl in DIN 18515-1:1998 als auch für die Erteilung allgemeiner bauaufsichtlicher Zulassungen für WDVS mit keramischen Bekleidungen übernommen. – Der Grund für die Festlegung von Grenzwerten für die Eigenschaften der Poren bzw. für die Porosität auf der Rückseite der keramischen Bekleidung ist der, daß die Dauerhaftigkeit des Verbundes zwischen Keramik und Mörtel von der »Rauhigkeit« der Keramik (= Porenstruktur) beeinflußt wird. Der Haftmechanismus ist in Abb. 3.6-8 dargestellt [33].

Die Qualität des Haftverbundes zwischen Keramik und Dünnbettmörtel wird sowohl von den verwendeten Ansetzmörteln, als auch von den verwendeten keramischen Fliesen und Platten beeinflußt. Der Haftverbund wird maßgeblich durch drei Haftmechanismen bzw. deren Kombination beschrieben:

– Vermörtelung (mechanische Adhäsion)
– Verklebung (spezifische Adhäsion)
– Verzahnung (Profilierung der Rückseiten)

Eine Vermörtelung kann nur an mikroskopisch rauhen Oberflächen erfolgen (Abb. 3.6-8). Bei wenig porösen Bekleidungen vermindert sich die erreichbare Haftzugfestigkeit.

Durch eine Profilierung der Keramikrückseite soll bei einer Vermörtelung zusätzlich eine makroskopische Verzahnung erzeugt werden. Die Profilierung stellt dabei im eigentlichen Sinn keinen Haftmechanismus dar, sondern ist eine zusätzliche Sicherung gegen das Herabfallen der Keramik, weil die Verzahnung erst dann wirksam wird, wenn die anderen Haftmechanismen bereits versagt haben. Der Einfluß einer Profilierung auf die Haftzugfestigkeit wird in der Praxis oft überschätzt.

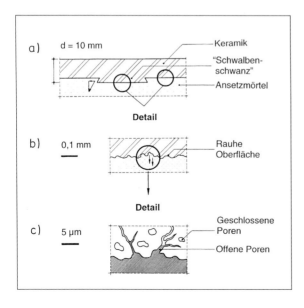

Abb. 3.6-8: Haftmechanismus zwischen keramischer Bekleidung und Ansetzmörtel [33]

a Makroskopische Verzahnung durch Profilierung der Keramikrückseite (Schwalbenschwanzprofilierung)
b Rauhe Oberflächenstruktur der Haftfläche
c Mikroskopische Verklammerung durch das »Einwachsen« der Hydratationsprodukte des Mörtels in die Porenstruktur

Eine Verklebung keramischer Bekleidungsstoffe ist dagegen weitgehend unabhängig von der Oberflächenstruktur der Haftfläche. Mit geeigneten Klebern oder hochvergüteten Klebemörteln kann ein außerordentlich wirksamer und beständiger Haftverbund erzeugt werden.

Der maßgebliche Haftmechanismus bei einer Vermörtelung ist das Prinzip der mechanischen Adhäsion. Es bildet sich eine Verklammerung der Mörtelmatrix mit den rauhen Oberflächen der Keramikrückseiten aus. Die mechanische Adhäsion kann nur dann dauerhaft wirksam werden, wenn die mikroskopische Struktur der Keramikrückseite eine gute Verklammerung mit der Dünnbettmörtelmatrix zuläßt. Der Haftverbund ist damit maßgeblich von den Eigenschaften der zu vermörtelnden Keramikrückseite abhängig. Zur Beurteilung der Wiksamkeit einer Vermörtelung im Sinne von DIN 18515-1 ist folglich die Definition eines Parameters für die Rauhigkeit der Oberflächen der Keramikrückseite notwendig. In Abhängigkeit von der Materialzusammensetzung und vom Herstellungsverfahren weisen keramische Fliesen und Platten große Unerschiede in der Rauhigkeit der Haftflächen auf.

Es konnte in den durchgeführten Untersuchungen quantifizierend gezeigt werden, daß der Porenstruktur (Porengröße ≈ Rauhigkeit) der Haftfläche eine besondere Bedeutung für den Verbund zwischen Keramik und Mörtel zukommt.

b   Wasseraufnahme der Keramik gemäß DIN EN 99

Die Wasseraufnahme der keramischen Platten bei WDVS wird in Abhängigkeit von den verwendeten Wärmedämmplatten wie folgt begrenzt:

w ≤ 3,0 %   bei WDVS mit Mineralfaser-Dämmstoffen
(einsetzbar sind demnach nur keramische Bekleidungen mit niedriger Wasseraufnahme – Gruppe 1)

w ≤ 6,0 %   bei WDVS mit Polystyrol-Dämmstoffen
(einsetzbar sind demnach keramische Bekleidungen mit niedriger Wasseraufnahme – Gruppe 1 und mittlerer Wasseraufnahme Gruppe 2a)

Keramische Fliesen und Platten mit einer Wasseraufnahme von mehr als 6% sollten nicht für WDVS mit keramischen Bekleidungen verwendet werden. Produkte mit höherer Wasseraufnahme können nur dann eingesetzt werden, wenn durch eine zusätzliche Hydrophobierung der Bekleidungsschicht eine geringe Wasseraufnahme am Gesamtsystem nachgewiesen wird. – Durch die erhöhte Wasseraufnahme wird die Haftzugfestigkeit zwischen Mörtel und Keramik bei Frost-Tauwechselbeanspruchung empfindlich verringert.

B Ansetzmörtel

Der verwendete Ansetzmörtel muß die Eigenschaften aufweisen, die für die Bildung eines verklammernden Zementsteins bzw. Zementgels an der Kontaktfläche notwendig sind. Die Art des Zementes und die Kornzusammensetzung der Zuschlagstoffe beeinflussen dabei die Fähigkeit des Mörtels zur Ausbildung einer mikroskopischen Verklammerung. Für Dünnbettmörtel bestehen aufgrund der geringen Schichtdicke des Mörtelauftrages im Dünnbettverfahren hohe Anforderungen an die Rezeptur und Verarbeitungseigenschaften. Bei einer Mörtelschicht von nur wenigen Millimetern Dicke besteht die Gefahr, daß sich aufgrund einer unzureichenden Hydratation keine verklammernde Zementmatrix ausbilden kann. Handelsübliche Dünnbettmörtel enthalten in geringen Mengen organische Zusätze, die die Eigenschaften dieser Mörtel im Hinblick auf die Haftqualität verbessern. Kunststoffzusätze in Form von Redispersionspulver wirken als Elastifizierungsmittel und begünstigen die Haftbrückenbildung. Die Zugabe von wasserrückhaltenden Zusatzmitteln (Methylcellulosen) unterstützt das Kristallwachstum in der Haftzone während des Erhärtungsprozesses. Eine wasserabweisende Vergütung soll zur Feuchte- und Frostbeständigkeit der Verbindung beitragen. Die Dosierung der Zusatzmittel ist bei Dünnbettmörteln durch die stets zu gewährleistende Verarbeitbarkeit der Mörtel begrenzt. Herkömmliche Produkte als reine Sackware weisen stets weniger als fünf Prozent organische Zusätze auf.

Als Ansetzmörtel für keramische Bekleidungen können Mörtel mit einem Prüfzeichen nach DIN 18156-M eingesetzt werden. Für keramische Bekleidungen, die die Grenzwerte der Porengrößenverteilung überschreiten, können nachgewiesene, hochvergütete Ansetzmörtel verwendet werden, deren Eignung in Kombination mit der ausgewählten Keramik nachgewiesen wurde.

Gemäß DIN 18156-2 bzw. DIN EN 1348 gilt für die erforderliche Haftzugfestigkeit

$$\beta_{HZ} > 0,50 \ N/mm^2$$

nach vorgegebener Beanspruchung. Hierzu ist insbesondere die Haftzugfestigkeit nach Frost-Tauwechsel Beanspruchung nachzuweisen.

Für die Ausführung von WDVS mit keramischen Bekleidungen ist ausschließlich das kombinierte Ansetzverfahren (Floating-Buttering Verfahren) anzuwenden, bei dem sowohl der Untergrund als auch die Fliese mit Mörtel bestrichen wird (Abb. 3.6-9). In Abb. 3.6-10 ist im Schnitt eine nur nach dem Floating-Verfahren angesetzte Fliese dargestellt. Es kommt beim Floating-Verfahren zu einer deutlichen Abminderung der erreichbaren Haftzugfestigkeit gegenüber dem Floating-Buttering-Verfahren (Abb. 3.6-11).

Abb. 3.6-9: Ansetzen einer keramischen Bekleidung im Floating-Buttering-Verfahren. Es wird mit dem Kammspachtel Mörtel auf die Wand aufgebracht und die Fliese ebenfalls mit Mörtel bestrichen, bevor die Fliese angesetzt wird.

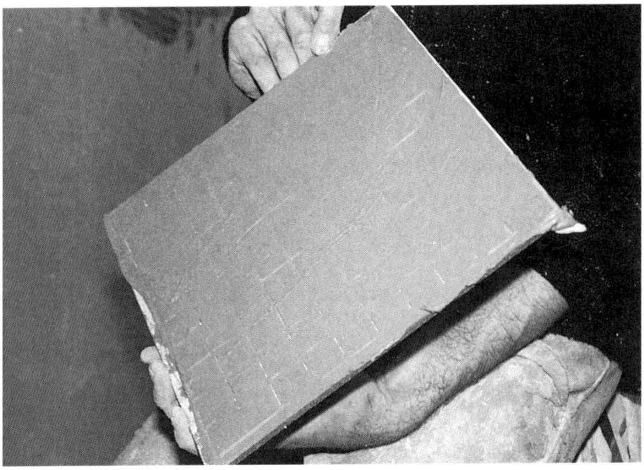

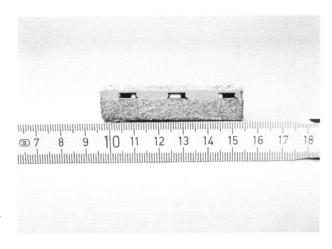

Abb. 3.6-10: Hohlstellen im Mörtelbett beim Floating-Verfahren

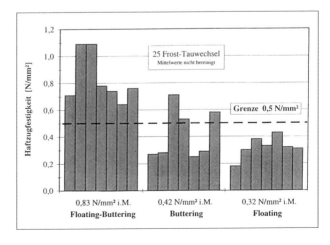

Abb. 3.6-11: Haftzugfestigkeiten von Steinzeugfliesen bei unterschiedlichen Ansetzverfahren [33]

61

Eine häufige Schadensursache beim Ansetzen keramischer Bekleidungen besteht darin, daß der Ansetzmörtel zeitlich zu lange vorgezogen auf die Wand aufgebracht wird, bevor die Keramik angesetzt wird. Eine einsetzende Hautbildung auf dem Mörtel der Wand reduziert die Hafteigenschaften des Mörtels erheblich. Langzeitschäden sind dann vorprogrammiert. Das Aufbringen der keramischen Bekleidung darf nur durch ausgebildete Fliesenleger erfolgen.

Das Ansetzen der Fliesen oder Platten soll unter normalen Witterungsbedingungen frühestens eine Woche nach Herstellung des Unterputzes erfolgen.

C Fugenmörtel

Es sind nur hydrophobierte Fugenmörtel mit geringer Rißbildungsneigung zu verwenden. Das eingesetzte Hydrophobierungsmittel muß dauerhaft wirksam sein.

Der Wasseraufnahmekoeffizient gemäß DIN 52617 soll betragen:

$$w_t \leq 0{,}10 \text{ kg/m}^2\text{h}^{1/2}$$

D Unterputz

An den Unterputz werden folgende Anforderungen gestellt:

a Wasseraufnahmekoeffizient w_t gemäß DIN 52617:

$$w_t \leq 0{,}50 \text{ kg/m}^2\text{h}^{1/2}$$

b Erforderliche Querzugfestigkeit des Unterputzes nach künstlicher Bewitterung (EOTA-Prüfzyklen sowie 25 Frost-Tauwechsel Zyklen):

$$\beta_{QZ} \geq 0{,}10 \text{ N/mm}^2$$

Für WDVS mit keramischen Bekleidungen werden generell Unterputze mit höherer Haftzugfestigkeit empfohlen. Leichtputze sind für diese Systeme nicht geeignet. Es wird weiterhin eine Begrenzung der Schwindzahl auf $-\varepsilon_{s,\,28d} \leq 1{,}0$ mm/m empfohlen.

E Glasfasergewebe

a Glasfasergewebe aus Porosilikatglas (E-Glas)

– Erforderliche Zugfestigkeit des Gewebes für WDVS mit keramischen Bekleidungen nach Lagerung in alkalischen Medien gemäß DIBt Richtlinien:

$$\beta_{Z,GK} \geq 1300 \text{ N/50mm}$$

- Maximaler Abfall der Gewebezugfestigkeit:

$\Delta\beta_{Z, GK} \leq 50$ % der ermittelten Ausgangsfestigkeit im Anlieferungszustand

b Glasfasergewebe aus Zirkonsilikatglas (AR-Glas)

- Erforderliche Zugfestigkeit eines »alkalibeständigen« Zirkonsilikatglas-Gewebes für WDVS mit keramischen Bekleidungen nach Lagerung in alkalischen Medien gemäß DIBt Richtlinien:

$\beta_{Z, GKA} \geq 1000$ N/50mm

- Die Prüfung der Alkalibeständigkeit bei starkem alkalischen Angriff ist ergänzend zu den DIBt-Richtlinien mit folgender Lagerungsbedingung nachzuweisen:

24h Lagerung in 5% NaOH-Lösung bei 60 °C:

$\beta_{Z, GKA} \geq 1000$ N/50mm

- Maximaler Abfall der Reißfestigkeit unter allen Lagerungsbedingungen:

$\Delta\beta_{Z, GKA} = 50$% der ermittelten Ausgangsfestigkeit im Anlieferungszustand

F Wärmedämmung

a Mineralfaser-Dämmplatten

Es sollen ausschließlich Mineralfaser-Dämmplatten des Typs HD mit einer Ausgangsquerzugfestigkeit von $\beta_{QZ} \geq 14,0$ kN/m² verwendet werden. Alle Dämmplatten müssen mit mindestens 40% ihrer Fläche verklebt werden (Punkt-Wulst-Methode) und sind stets durch das Gewebe hindurch zusätzlich zu verdübeln, wobei für die Ermittlung der Dübelanzahl der volle Windsog ohne Berücksichtigung der Verklebung anzusetzen ist.

Erforderliche Querzugfestigkeit von Mineralfaser-Dämmplatten nach künstlicher Bewitterung: (EOTA-Prüfzyklen sowie 25 Frost-Tauwechsel Zyklen):

$\beta_{QZ} \geq 7,5$ kN/m²

Es wurde in Untersuchungen wiederholt festgestellt, daß Mineralfaser-Dämmplatten des Anwendungstyps HD häufig keine Ausgangsfestigkeit von $\beta_{QZ} \geq 14,0$ kN/m² aufwiesen. Da es sich hier um eine standsicherheitsrelevante Problematik handelt, empfiehlt sich zunächst ausschließlich die Verwendung von Mineralfaser-Lamellenplatten mit hoher Abreißfestigkeit. Untersuchungen zeigen, daß mit modifizierten Herstellungsverfahren jedoch auch Mineralfaser-Dämmplatten mit hohen Ausgangsfestigkeiten von $\beta_{QZ} \geq 25,0$ kN/m² hergestellt werden können.

b Polystyrol-Dämmplatten

Alle Dämmplatten müssen mit mindestens 40 % Fläche verklebt werden. Der Grundwert der geforderten Zug- bzw. Querzugfestigkeit der Polystyrol-Dämmplatten beträgt nach DIN 18164 $\beta_{QZ} = 100$ kN/m^2 (0,1 N/mm^2). Für eine tragfähige Oberfläche gilt weiterhin die Anforderung bezüglich der Haftzugfestigkeit $\beta_\perp \geq 80$ kN/m^2. Bei 40% Verklebung gilt gemäß DIBt-Regelung $\beta_{HZ} = 0,40 \cdot 80$ kN/m^2 = 32 kN/m^2 für Naß- und Trockenlagerung gleichermaßen.

Erforderliche Haftzugfestigkeit von Polystyrol-Dämmplatten mit mindestens 40 % Verklebung nach künstlicher Bewitterung:

$$\beta_{HZ} \geq 32 \text{ kN/m}^2$$

Die Polystyrol-Dämmplatten unter der keramischen Bekleidung sind stets zu verkleben und durch das Gewebe hindurch zusätzlich zu verdübeln. Hiervon ausgenommen sind Systeme unterhalb von 8,0 m Höhe über Gelände wenn der Untergrund eine ausreichende Festigkeit aufweist ($\beta_\perp \geq 80$ kN/m^2).

c Mineralfaser-Lamellenplatten

Mineralfaser-Lamellenplatten müssen vollflächig verklebt werden. Für beschichtete Platten können Sonderregelungen geltend gemacht werden (50 % Verklebung) wenn entsprechende Nachweise vorgelegt werden.

Erforderliche Haftzugfestigkeit von Mineralfaser-Lamellenplatten nach künstlicher Bewitterung:

$$\beta_{HZ} \geq 30 \text{ kN/m}^2$$

Die Mineralfaser-Lamellenplatten sind stets zu verkleben und zusätzlich durch das Gewebe hindurch zu verdübeln. Hierzu sind gemäß DIBt-Regelung Teller mit einem Durchmesser von 60 mm erforderlich.

G Verklebung und Verdübelung

WDVS mit keramischen Bekleidungen sind stets zu verkleben und zusätzlich durch das Gewebe hindurch zu verdübeln. Hierdurch soll eine Verbindung zwischen der äußeren Bekleidungsschicht (Unterputz einschließlich Ansetzmörtel sowie Keramik) und dem tragfähigen Untergrund unabhängig von der bestehenden Verbindung über die Dämmschicht geschaffen werden. Durch die Verdübelung wird die Kontaktfläche zwischen WDVS und Untergrund sowie der Verbundbereich zwischen Unterputz und Wärmedämmung (insbesondere von Bedeutung bei Mineralfaser-Dämmschichten) überbrückt. Diese Regelung ist als eine zusätzliche Sicherung der relativ schweren und hochbeanspruchten WDVS mit keramischen Bekleidungen zu verstehen.

Für die Ermittlung der zulässigen Dübeldurchzugskraft sind Versuche ohne Verklebung durchzuführen, bzw. die vorhandene Verklebung ist zu lösen (EOTA-Prüfwand). Für die Ermittlung der zulässigen Dübeldurchzugskraft gelten folgende Sicherheiten:

$\gamma_{Dü} = 3,00$ im unbewitterten Zustand (bzw. Trockenlagerung)
$\gamma_{Dü} = 2,25$ nach der Bewitterung (bzw. Naßlagerung)

Die erforderliche Dübelanzahl ist unter Ansatz der vollen Winsogbeanspruchung ohne Berücksichtigung der Verklebung zu ermitteln.

H Anforderungen an den Untergrund

WDVS mit keramischen Bekleidungen sollen nur auf tragfähigen Untergründen eingesetzt werden. Die Oberfläche der Wand muß dazu fest, trocken, fett- und staubfrei sein. Insbesondere Altputze sind hinsichtlich ihrer Tragfähigkeit stets sachkundig zu prüfen. Lediglich bei Untergründen aus Beton ohne Putz oder Mauerwerk nach DIN 1053 [2] ohne Putz kann eine ausreichende Festigkeit in der Regel vorausgesetzt werden. Größere Unebenheiten müssen z.B. durch einen Putz ausgeglichen werden.

Erforderliche Haftzugfestigkeit eines tragfähigen Untergrundes:

$\beta_{\perp} \geq 80 \text{ kN/m}^2$

3.6.3.2   Riemchenbekleidung mit werkseitig angeschäumter Dämmung

Bei den WDV-Systemen mit Riemchenbekleidung und werkseitig angeschäumter Dämmung handelt es sich um Verbundelemente aus Polyurethan-Hartschaum und Ziegel-Verblendern (Abb. 3.6-12).

Die Verbundelemente werden werksmäßig hergestellt. Dabei werden die Ziegelverblender direkt hinterschäumt. Die Fugenbereiche werden dabei mit einer Quarzsandabstreuung als Haftbrücke für die spätere baustellenseitige Verfugung ausgeführt.

Neben den normalen Flächenelementen (l/h ≈ 1,40/0,75 m) werden Eckelemente – z.B. für Fensterlaibungsbereiche u.ä. – angeboten.

Abb. 3.6-12: Riemchenbekleidung mit werkseitig angeschäumter Wärmedämmung (Foto: Fa. ISOKLINKER)

Die Elemente werden im Fugenbereich mit bauaufsichtlich zugelassenen Dübeln am tragenden Untergrund verankert. Die umlaufende stirnseitige Nut in der PUR-Dämmung wird anschließend mit PUR-Ortschaum ausgeschäumt. Die im Bereich der vertikalen Elementstöße für die Vervollständigung des Verbandes fehlenden Ergänzungsriemchen werden mit einem Polyurethankleber angebracht. Abschließend erfolgt die Verfugung der gesamten Außenwandfläche mit einem Werk-Fertigmörtel.

4 Systemkomponenten der WDVS

4.1 Putzsysteme

4.1.1 Übersicht

Die Putzsysteme marktüblicher WDV-Systeme bestehen aus einem Unterputz mit Glasfasergewebeeinlage – nach DIN 18559 [10] »Armierungsmasse mit einem Armierungsgewebe« genannt – und einem Oberputz – nach [10] »Schlußbeschichtung« genannt.

In Abhängigkeit von der Schichtdicke wird zwischen Dünnputz- und Dickputzsystemen unterschieden.

Zu den Dünnputzsystemen gehören die

– Kunstharzsysteme mit Gesamtdicken (Ober- *und* Unterputz)
  von ca. 4 bis 6 mm sowie
– kunststoffdispersions-modifizierten mineralischen Systeme
  mit Gesamtdicken von ca. 5 bis 10 mm.

Zu den Dickputzsystemen gehören die

– mineralischen, in der Regel Leichtputzsysteme,
  mit Gesamtdicken von ca. 8 bis 16 mm.

Zunächst wird eine Unterputzschicht aufgetragen, an die die Glasfasergewebebewehrung – je nach örtlicher Gegebenheit mit vertikaler oder horizontaler Gewebebahnenausrichtung – mit einer Kelle flächig angedrückt wird, bis der Mörtel das Gewebe umhüllt. Anschließend wird eine zweite Unterputzschicht »naß in naß« bis zur endgültigen Unterputzschichtdicke derart aufgetragen, daß eine vollständige hohlraumfreie Einbettung des Gewebes gegeben ist (Abb. 4.1-1). Die Schichtdicken des Unterputzes sind so zu wählen, daß das Gewebe ungefähr in einem Bereich des äußeren Drittels der Unterputzdicke zum Liegen kommt.

Die häufig in der Praxis anzutreffende Einbettung des Gewebes in den Unterputz in der Art, daß das Gewebe zuerst direkt auf der Wärmedämmschicht angebracht wird, um dann anschließend den Putz in einem Arbeitsgang aufzutragen, führt zwangsläufig dazu, daß die Bewehrung nicht vollständig im Unterputz eingebettet ist. Fehlt die Überdeckung der Bewehrung durch den Putz, können die

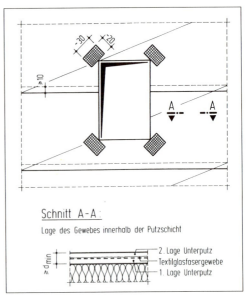

Schnitt A-A :

Lage des Gewebes innerhalb der Putzschicht

2. Lage Unterputz
Textilglasfasergewebe
1. Lage Unterputz

Abb. 4.1-1a: Einbetten des Gewebes in den Unterputz

Abb. 4.4-1b: Überlappung der Bewehrung im Bereich der Bahnenstöße sowie Anordnung von Zusatzbewehrungen im Bereich einspringender Ecken

im Putz entstehenden Zugspannungen nicht sicher in die Bewehrung eingeleitet werden: die Folge sind Risse.

Einige Systemhersteller bieten zur Verbesserung der Haftzugfestigkeit zwischen Unter- und Oberputz Grundierungen an.

Abschließend erfolgt die Endbeschichtung mit einem Oberputz (Abschnitt 4.1.2).

4.1.2 Oberputz

Als Oberputz werden

– mineralisch-hydraulische Putze als
   – Struktur- (in der Regel Leichtputze) oder
   – Edelkratzputze,
– wasserglasgebundene Putze (Silikatputze) – auch als Strukturputze –
– kunstharzgebunden Putze oder
– Siliconputze

eingesetzt.

Von den mineralisch-hydraulischen Putzen als Struktur- und Edelkratzputz abgesehen, wird die Struktur des Oberputzes vom Durchmesser des Größtkorns (d = 2 bis 6 mm) bestimmt.

Die Putze werden als Werktrockenmörtel, als Sackware oder bei Bindemitteln aus Silikaten (Wassergläsern) und/oder Kunstharzdispersionen in Eimern geliefert.

Den Putzen werden in der Regel werkmäßig Zusatzmittel zugegeben, um

– das Wasserrückhaltevermögen zu erhöhen und damit die Gefahr des »Verdurstens« infolge von zu schnellem Wasserentzug zu verhindern,
– die Verarbeitungseigenschaften zu verbessern,
– die Haftzugfestigkeit zum Untergrund durch Kunstharzzusätze zu erhöhen,
– das Wasserdampfdiffusionsverhalten, z.B. durch Luftporenbildner, zu verbessern und
– wasserabweisende Eigenschaften durch eine Reduzierung der Kapillarität mit hydrophobierend wirkenden Zusatzmitteln zu erreichen [30].

Als Zusatzstoffe können Pigmente sowie Fasern unterschiedlicher Längen und Materialtypen genannt werden.

Der Oberputz dient in der Regel als Witterungsschutz – sofern nicht bereits der Unterputz nach [13] als »wasserabweisend« eingestuft werden kann.

Der Oberputz bestimmt im wesentlichen die Struktur der Oberfläche, also die Fassade im engeren Sinne. Da Rißbildungen – auch mit Rißbreiten, die im Hinblick auf die Gebrauchsfähigkeit als unbedenklich zu beurteilen sind (Abschnitt 2.6) – bei Glattputzsystemen optisch deutlicher hervortreten, ist, wie bei konventionellen Außenputzsystemen auch, eine Ausführung von Struktur- oder Edelkratzputzen anzuraten.

Neben den Oberputzen werden als Außenwandbekleidung

– kunstharzgebundene Flachverblender,
– Ziegelriemchen oder Spaltplatten sowie
– keramische Fliesen

verwendet.

Tab. 4.1-1: Materialkennwerte Unterputzmatrix

	Mineralischer Putz		Kunstharzputz
	Normalputz	Leichtputz	
Rohdichte ρ [kg/m^3]	2.200	1.600	1.100
Wärmeleitfähigkeit λ [W/(m · K)]	0,87	0,87	0,70
Spezifische Wärmespeicher-kapazität c [J/(kg · K)]	1.000	1.000	1.400
Thermischer Längenänderungs-koeffizient α_T [K^{-1}]	$8 \div 11 \cdot 10^{-6}$	$6 \cdot 10^{-6}$	$50 \cdot 10^{-6}$
Hygrischer Längenänderungs-koeffizient α_φ [%$^{-1}$]	$10 \cdot 10^{-6}$	$10 \cdot 10^{-6}$	$50 \cdot 10^{-6}$
Schwindmaß $\varepsilon_{s,\infty}$ [%]	0,14	0,10	
Restschwindmaß $\varepsilon_{s,R}$ [%]	0,015	0,015	0,40
Matrix – Zugbruchspannug $\sigma_{P,u}$ [N/mm^2]	1,2	$0,5 \div 0,6$	12,4
Matrix – Zugbruchdehnung $\varepsilon_{P,u}$ [%]	$0,017 \div 0,030$	$0,030 \div 0,040$	0,95
Zugelastizitäts-modul E [N/mm^2]	$7.000 \div 8.000$	$1.100 \div 1.650$	1.300

4.1.3 Unterputz

Als Unterputze werden

– mineralische Werktrockenmörtel,
– Dispersionsmörtel
  – ohne Zementzugabe sowie
  – mit Zementzugabe

verwendet.

Bei Dünnputzsystemen ist das Material des Unterputzes vielfach mit dem Material des Klebemörtels (Abschnitt 4.4.1) identisch.

Das Einlegen des Bewehrungsgewebes erfolgt naß in naß (Abschnitt 4.1.1 und 4.1.4).

Die mechanischen Eigenschaften, insbesondere im Hinblick auf die Gebrauchsfähigkeit eines Putzsystems werden wesentlich von der Putzmatrix (unbewehrter Putz) bestimmt. In Tabelle 4.1-1 sind die Materialkennwerte üblicher Unterputze auf Grundlage von [15, 18, 29, 31] zusammengefaßt.

Unter dem wirksamen Restschwindmaß $\varepsilon_{s, R}$ ist der Anteil der freien unbehinderten Schwindverformung $\varepsilon_{s, \infty}$ zu verstehen, der bei einer vollständigen Behinderung der Schwindverformung nicht durch Relaxation abgebaut wird, sondern zwängungswirksam bleibt.

Wie die in [15] beschriebenen Versuche ergaben, baut sich ca. 85 % der theoretischen Zwangsspannung bei Leichtputz und 90 bis 95 % bei Normalputz durch Relaxation ab. Diese Ergebnisse werden durch [7] bestätigt. Hier wird der Elastizitätsmodul im Lastfall Schwinden um den Faktor 1/9 und somit um ca. 90 % abgemindert.

4.1.4 Bewehrung

4.1.4.1 Anforderungen

Die Bewehrung eines Putzes hat vergleichbar mit der Stahlbewehrung des Stahlbetonbaus die Aufgabe, die Zugkräfte im Putzsystem bei einer etwaigen Rißbildung zu übernehmen.

Dabei kommt der Rißbreitenbeschränkung besondere Bedeutung zu. Vergleichbar mit dem Stahlbeton ergeben sich hieraus folgende Forderungen:

- Hohe Dehnsteifigkeit der Bewehrung,
- gute Verbundeigenschaften zwischen Bewehrung und Putzmatrix,
- enge Bewehrungsabstände, die jedoch gleichzeitig eine ordnungsgemäße Verarbeitung (Einbettung etc.) gewährleistet,
- ausreichende Überlappungsbreiten,
- geringer thermischer Längenänderungskoeffizient und
- eine ausreichende Dauerhaftigkeit (Alkalibeständigkeit) (Abschnitt 2.7).

Diese Anforderungen werden von Glasfasergewebeeinlagen und – wie neuere Untersuchungen nach [38] zeigen – durch Glasfasern erfüllt.

4.1.4.2   Gewebebewehrung

Glasfasergewebebewehrung – nach DIN 18 559 [10] »Armierungsgewebe« genannt – wird in der Regel als Glasseidengewebe seltener als Glasseidengelege gefertigt.

Wie bereits in Abschnitt 2.7.1 beschrieben, wird das Gewebe mit einer Appretur versehen, um eine ausreichende Alkalibeständigkeit zu erzielen.

Bei einer Mikrorißbildung in der Putzmatrix muß das Gewebe in der Lage sein, die rißauslösenden Spannungen aufzunehmen. Dabei muß, um die Rißbreite zu begrenzen, die Dehnung des Gewebes durch eine schlupflose Arbeitslinie, eine hohe Dehnsteifigkeit sowie eine kurze Verbundlänge begrenzt werden. Dabei ist eine möglichst identische Arbeitslinie in Kett- und Schußrichtung anzustreben. Enge Bewehrungsfädenabstände führen aufgrund des besseren Verbundes und einer günstigeren Wirkungszone, zu einer engeren Rißverteilung und damit zu kleineren Rißbreiten.

Gleichzeitig muß die Maschenweite jedoch auf das Größtkorn des Unterputzes abgestimmt sein, um eine vollständige Einbettung des Gewebes zu gewährleisten und eine Trennlagenwirkung auszuschließen. Bei Dünnputzsystemen beträgt die Maschenweite 3 bis 5 mm, bei Dickputzsystemen mit Leichtputz ca. 7 mm.

Das Zugtragverhalten eines bewehrten Putzes wird mit Hilfe eines Zugversuchs entsprechend Abbildung 4.1-2 an einem Putzstreifen bestimmt. Das Kraftverformungsdiagramm in Abbildung 4.1-3 zeigt exemplarisch ein günstiges sowie ein ungünstiges Zugtragverhalten. Das günstige Putzsystem zeichnet sich bei gleicher Gesamtdehnung des Probekörpers durch eine höhere Anzahl von Rißbildungen aus (vgl. Abb. 4.1.4), die sich im Kraftverformungsdiagramm durch Kraftabfälle markieren. Durch die größere Rißanzahl ergeben sich geringere Rißbreiten je Riß.

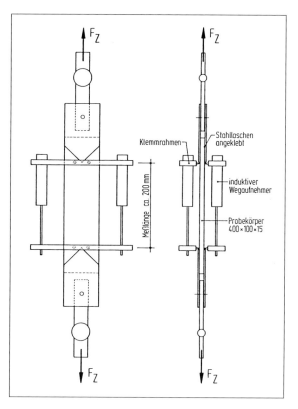

Abb. 4.1-2: Zugprüfeinrichtung für Putzstreifen-Zugprobe

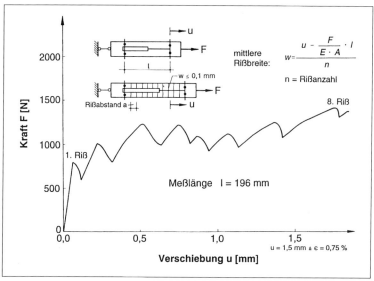

Abb. 4.1-3: Kraftverformungsdiagramm einer auf Zug beanspruchten bewehrten Putzprobe

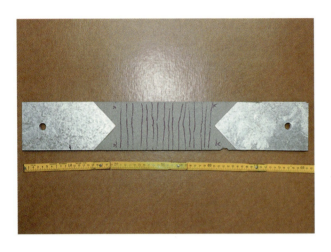

Abb. 4.1-4 a: Rißverhalten eines auf Zug beanspruchten bewehrten Unterputzes mit »engem« Rißabstand w ≤ 0,1 mm

Abb. 4.1-4 b: Rißverhalten eines auf Zug beanspruchten bewehrten Unterputzes mit »weiten« Rißabständen

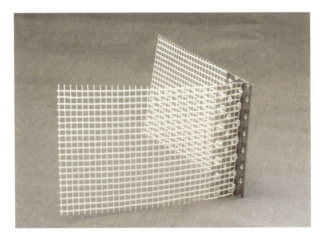

Abb. 4.1-5: Eckschutzwinkel

Bei der Verarbeitung ist zu beachten, daß das Gewebe glatt und faltenfrei, ohne Hohllagen zu verlegen ist und nicht geknickt werden darf. Die Gewebebahnen sind mit einer Überlappungsbreite ü ≥ 10 cm auszuführen. Im Bereich von Fenster- bzw. Türöffnungen sind die Öffnungsecken mit diagonal ausgerichteten ausreichend großen (ca. 40 cm/20 cm) Gewebestreifen zusätzlich zu bewehren (Abb. 4.1-1).

Für Gebäudeecken oder Kanten von Fenster- bzw. Türlaibungen können Eckschutzgewebe mit und ohne zusätzlich angearbeiteten Kunststoff- oder Metallwinkeln aus nichtrostendem Stahl verwendet werden (Abb. 4.1-5). Gebäudedehnfugen der tragenden Konstruktion sind im WDV-System durchgehend aufzunehmen und im Putz z.B. durch Dehnprofile mit ankaschiertem Gewebestreifen auszubilden.

4.1.4.3 Faserbewehrung

Die Ausführung eines gewebebewehrten Unterputzes ist arbeitsintensiv, da drei Arbeitsgänge erforderlich werden:

– Auftragen der ersten Unterputzschicht,
– Andrücken des Gewebes,
– Aufziehen der zweiten Unterputzlage.

Diese Ausführung erfordert eine hohe Sorgfalt, um eine ausreichende Überlappung des Gewebes im Stoßbereich sowie eine ausreichende Einbettung in der Putzmatrix zu erzielen.

Aus diesem Grund wurde in [38] die Möglichkeit der Substitution der Glasfasergewebeeinlage durch Glasfasern untersucht. Dabei wurde im einzelnen

– das Verformungsverhalten der faserbewehrten Putzschicht unter hygrothermischer Beanspruchung,

– die Dauerhaftigkeit der WDV-Systeme mit großformatigen Bewitterungsversuchen sowie

– die Rißanfälligkeit von unterschiedlichen Systemen im Rahmen von rechnergestützten Parametervariationen

bestimmt.

Die Ergebnisse dieser Untersuchungen lassen sich wie folgt zusammenfassen:

– Faserbewehrte Putze mit überkritischem Fasergehalt zeigen ein ausreichend duktiles Materialverhalten. Wie Abbildung 4.1-6 zu entnehmen ist, sind Putze

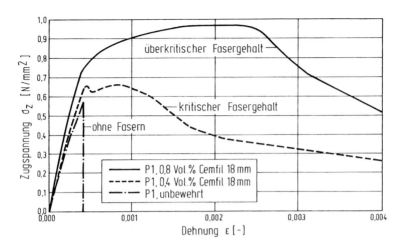

Abb. 4.1-6: Exemplarische Spannungs-Dehnungs-Diagramme für Putz mit unterschiedlichem Fasergehalt (aus [38])

mit überkritischem Fasergehalt dadurch gekennzeichnet, daß über die Putzmatrixbruchspannung hinausgehend, eine weitere Laststeigerung möglich ist, ohne daß ein durchgehender sichtbarer Riß entsteht.

– Für das Tragverhalten wird die Zugbruchdehnung und nicht die Zugbruchspannung oder der Zugelastizitätsmodul maßgebend.

– Die zulässigen Verarbeitungsbandbreiten – wie z. B. der Wasser-Bindemittelwert – sind einzugrenzen, um die daraus resultierenden Schwankungen der Materialkennwerte zu reduzieren.

– Die hygrischen Verformungsanteile des Putzes müssen beim Nachweis der Gebrauchsfähigkeit berücksichtigt werden.

– Durch geeignete Zuschlagstoffe kann die Wärmedehnzahl des Putzes und damit die Zwangsbeanspruchung des Putzes reduziert werden.

– Eine Erhöhung der Putzdicke führt zu keiner Reduzierung der Rißanfälligkeit.

– Die Dauerhaftigkeit ist bei Verwendung von AR-Fasern gewährleistet.

Auf Grundlage dieser Erkenntnisse erscheint eine zukünftige Substitution gewebebewehrter Unterputze durch faserbewehrte Unterputze möglich. Diesbezügliche bauaufsichtliche Zulassungen liegen jedoch derzeit noch nicht vor.

4.2 Wärmedämmaterialien [59]

4.2.1 Polystyrol-Hartschaum

Polystyrol-Hartschaum ist ein überwiegend geschlossenzelliger, harter Schaumstoff. Nach der Herstellung ist zu unterscheiden zwischen Partikelschaumstoff aus verschweißtem, geblähtem Polystyrolgranulat (EPS = expandierte Polystyrol-Hartschaumplatten) und extrudergeschäumtem Polystyrolschaumstoff (extrudierter Polystyrolschaumstoff, XPS).

Polystyrol-Partikelschaumstoff (EPS)

Die Herstellung des Polystyrol-Partikelschaumstoffes geschieht in der Weise, daß feine Perlen aus Polystyrol (Polystyrolgranulat), in die ein Treibmittel (Pentan) einpolymerisiert ist, mit hochtemperiertem Wasserdampf behandelt werden. Bei dieser Temperaturbehandlung mit Wasserdampf bläht das thermoplastische Polystyrol zu Granulat von 3 bis 20 mm Durchmesser je nach dem gewünschten Raumgewicht auf. Aus dem so vorgeschäumten Polystyrol wird in kontinuierlich oder diskontinuierlich arbeitenden Anlagen durch eine zweite Heißwasserdampfbehandlung das Endprodukt – zum Beispiel die Dämmplatten für WDVS – hergestellt. Bei der zweiten Heißwasserdampfbehandlung werden die Partikel weiter aufgebläht und zum Zusammensintern gebracht. Die grobkörnige Struktur tritt an der Oberfläche der Dämmplatten sowie beim Brechen der Platten deutlich zutage. Die Eigenschaften der expandierten Polystyrolplatten sind in DIN 18 164 geregelt.

Bei geklebten Polystyrolsystemen nach Abschnitt 3.2 werden Polystyrolplatten PS 15 SE nach DIN 18164-01 Anwendungstyp W (PS-W-B1) oder PS 20 SE nach DIN 18164-01 Anwendungstyp WD (PS-WD-B1) mit einer maximalen Plattendicke von 200 mm verwendet. Die Mindestquerzugfestigkeit, die nach DIN EN 1607 geprüft wird, muß 100 kN/m² betragen. Bei Systemen mit Schienenbefestigung werden Polystyroldämmplatten PS 15 verwendet, die eine Abreißfestigkeit von $\sigma_{QZ} \geq 150$ kN/m² aufweisen müssen.

Die Dämmplatten können in ihrem Gefüge im nachhinein elastifiziert werden, indem das Stoffgefüge durch Walzen zum Teil zerstört wird. Durch diese Maßnahme wird unter anderem die dynamische Steifigkeit der Platten deutlich reduziert, so daß die Schalldämmung von Wänden mit WDVS, bei denen die Dämmplatten aus elastifiziertem Polystyrol bestehen, deutlich höher ist im Vergleich zu Wänden, bei denen die Dämmplatten des WDVS nicht elastifiziert sind (siehe Abschnitt 2.5). – Zu beachten ist aber, daß die Querzugfestigkeit elastifizierter

Dämmstoffplatten nur ungefähr ein Drittel der Querzugfestigkeit nicht elastifizierter Dämmstoffplatten beträgt.

Für die Wärmedämmung von WDVS werden zum überwiegenden Teil mit Polystyrol-Partikelschaumplatten verwendet. Der Anwendung sind im wesentlichen dadurch Grenzen gesetzt, daß das Material nur schwer entflammbar nach DIN 4102 ist, so daß die Dämmplatten entsprechend der Bauordnung nur bis zur Hochhausgrenze verwendet werden dürfen (vgl. Abschnitt 2.3).

Zwei Eigenschaften des expandierten Polystyrols müssen beachtet werden:

– Die Dämmplatten sind vor langeinwirkender UV-Strahlung zu schützen, da sonst oberflächliche Strukturzerstörungen möglich sind. Bei Dämmplatten, die während einer längeren Zeit ungeschützt der Sonne ausgesetzt sind, sind die staubförmigen Zersetzungsprodukte durch sorgfältiges Abwischen zu entfernen, damit der Haftverbund zu dem auf die Dämmplatten aufgebrachten Putz nicht aufgehoben wird (vgl. Abb. 2.7.2).

– Nach der Herstellung der Platten tritt ein gewisser Schwindprozeß auf, der aus der herstellungsbedingten Feuchte folgt und innerhalb eines Monats nach der Herstellung der Platten bis zu ca. 1,5 ‰ betragen kann. Aber auch bei abgelagerten Platten kann nach einem Monat noch ein Nachschwinden durch das Herausdiffundieren der noch vorhandenen, unter einem Überdruck stehenden Treibmittelgase erfolgen (vgl. Abb. 3.2-3). Die durch das Schwinden der Platten entstehenden Verformungen sind nicht zu unterschätzen: Bei einer Nachschwindung von 2,8 – 1,5 = 1,3 ‰ verkürzt sich eine 1 m lange Dämmstoffplatte um 1,3 mm. Um Risse in dem auf das WDVS aufgebrachten Putzsystem zu vermeiden (vgl. Abb. 7.3.9), ist unbedingt darauf zu achten, daß nur Dämmstoffplatten verwendet werden, bei denen das Nachschwinden schon weitgehend abgeschlossen ist.

Extrudiertes Polystyrol (XPS)

Extrudierte Polystyrol-Hartschaumplatten werden kontinuierlich als Schaumstoffstrang hergestellt. Im Extruder wird Polystyrol aufgeschmolzen und durch Zugabe eines Treibmittels durch eine breite Schlitzdüse ausgetragen. Der hergestellte Schaumstoffstrang kann zur Zeit in Dicken zwischen 20 und 200 mm hergestellt werden. Nach dem Durchlaufen einer Kühlzone wird der Schaumstoffstrang zu Platten gesägt und es werden die Plattenränder besäumt. Danach werden die Dämmplatten bis zur Maßkonstanz gelagert.

Als Treibmittel darf ab dem 1. Januar 2000 entsprechend der FCKW-Verordnung kein Fluorchlorkohlenwasserstoff (FCKW) und auch kein HFCKW (teilhalogenisierter Fluorchlorkohlenwasserstoff) mehr verwendet werden; es wird CO_2 als Treibmittel verwendet. Die durch das CO_2 bedingte Erhöhung der Wärmeleitfähigkeit der Platten gleicht sich langfristig aus: Die erreichte Wärmeleitfähigkeit ist bei mit CO_2 geschäumten Platten im wesentlichen von der Zeit unabhängig, während bei den FCKW- bzw. HFCKW-geschäumten Platten die Treibmittel im Laufe der Zeit aus den Zellen herausdiffundieren, so daß sich bei diesen Platten nach mehreren Jahren die Wärmeleitfähigkeiten entsprechend denen von CO_2-geschäumten Platten ergeben.

Bei der Herstellung der extrudergeschäumten Platten entsteht an den Deckflächen eine glatte, dichte Schäumhaut. Um die Haftung des Putzes auf diesen glatten Oberflächen zu verbessern, wird die Schäumhaut häufig abgefräst, so daß eine rauhe Oberfläche entsteht.

4.2.2 Mineralfaserplatten und Mineralfaser-Lamellenplatten

Mineralfaser-Dämmstoffe bestehen aus künstlichen Mineralfasern, die aus einer silikatischen Schmelze (z. B. aus Glas oder Gestein-Basalt) gewonnen werden. Die Fasern werden je nach den angestrebten Eigenschaften des Dämmstoffes mit Kunstharzen gebunden. Die Bindemittel bestehen im wesentlichen aus Phenol, Formaldehyd und Zugaben von Harnstoff, Ammoniak und Ammoniumsulfat. Diese in Wasser gelösten Bestandteile werden bei der Herstellung dem Faserstrang zugegeben. Neben den Bindemitteln wird Mineralöl mit einem Massenanteil um 0,5 % zur Bindung von Staub und ein zusätzliches Hydrophobierungsmittel eingesetzt. Während der Zugabe dieser Stoffe zum Faserstrang beträgt dessen Temperatur nur ca. 60 bis 70 °C, damit das Bindemittel nicht aushärtet. Das Vlies aus den Mineralfasern wird auf Förderbändern zum Tunnelofen transportiert. Durch Stauchung des Vlieses auf die gewünschte Höhe wird eine Verdichtung der Wolle erzielt; gleichzeitig kann durch unterschiedliche Geschwindigkeiten der Förderbänder eine Längsstauchung gesteuert und damit die Faserorientierung beeinflußt werden. Danach wird in einem Tunnelofen bei 200 bis 400 °C das Bindemittel ausgehärtet. Die während der Stauchung erreichte Faserorientierung, aber auch die Schichtdicke wird durch die Aushärtung des Bindemittels quasi eingefroren.

Aufgrund der bei der Produktion erzielten Faserorientierung werden Dämmplatten des Typs WD nach DIN 18 165, HD-Platten, das sind Dämmplatten, deren Eigenschaften in den allgemeinen bauaufsichtlichen Zulassungen geregelt sind, und Lamellenplatten unterschieden. Bei den Lamellenplatten sind die Fasern im wesentlichen in Richtung der Plattendicke orientiert, da die Lamellenplatten senkrecht zur Laufrichtung des Transportbandes herausgeschnitten werden, woraus sich maximale Plattenbreiten von 20 cm ergeben.

Die Lamellenplatten sollten nach heutigem Kenntnisstand nur noch mit einer beidseitigen Beschichtung ausgeführt werden. Die Beschichtung sollte in der Regel werkseitig vorgenommen werden. Die beidseitige Beschichtung ermöglicht eine schnellere Verarbeitung der Dämmplatten; die Beschichtung ist wasserabweisend, so daß der Witterungsschutz auch dann gegeben ist, wenn diese während einer längeren Zeit ungeschützt der Witterung ausgesetzt sind.

Es kann nicht nachdrücklich genug darauf hingewiesen werden, daß Mineralfaser-Dämmplatten unter dem Einwirken von Feuchtigkeit erheblich an Festigkeit verlieren (vgl. Abschnitt 2.7.3). Daraus folgt, daß das WDVS konstruktiv so ausgebildet werden muß, daß kein Wasser an die Dämmplatten gelangen kann (vgl. Abschnitt 6.4 und 6.5).

Hinsichtlich der Verarbeitung wird auf Abschnitt 3.4 verwiesen.

4.2.3 Weitere Dämmstoffe

Im Hinblick auf die Stoßfestigkeit der WDVS bietet es sich an, entweder Schaumglas als Wärmedämmung zu verwenden oder auch zum Beispiel Verbundplatten aus Porenbeton und Mineralfaser-Dämmstoff (Abb. 4.2-1). Bei den Verbundplatten ist darauf zu achten, daß der Porenbeton zum Beispiel nach Niederschlägen quillt und anschließend wieder schwindet; eine Hydrophobierung des Porenbetons ist nur dann empfehlenswert, wenn eine ausreichende Haftung zwischen Porenbeton und Putz nachgewiesen werden kann.

Abb. 4.2-1: Porenbetonverbundplatte

4.3 Dübel

4.3.1 Übersicht

Soweit die Dübel bei WDVS in statischer Hinsicht nicht zwingend erforderlich sind – also bei geklebten Systemen mit einer Wärmedämmung aus Polystyrol – werden in der Regel Schlagdübel verwendet werden (Abb. 4.3-1). Bei diesen Dübeln wird die Dübelhülse durch das Hineinschlagen eines Nagels aus Stahl oder Kunststoff gespreizt, so daß der für die Tragfähigkeit notwendige Reibschluß erzielt wird. Diese Dübel werden in Kürze allgemein bauaufsichtlich zugelassen sein.

Für WDVS, bei denen die Dübel statisch zwingend erforderlich sind, werden in der Regel Schraubdübel verwendet. Die Schraubdübel einschließlich der dazugehörigen Dübelteller sind Bestandteil einer jeden »Systemzulassung«; es ist deshalb nicht zulässig, andere Dübel zu verwenden als die, die in der allgemeinen bauaufsichtlichen Zulassung für Wärmedämmsysteme genannt sind.

Zu den Dübeln gehören auch die Dübelteller, die in der Regel einen Durchmesser von 60 mm besitzen und aus Kunststoff bestehen. Bei einigen Dübeln sind die Dübelteller direkt an die Dübelhülsen angeformt, während sie bei einigen anderen Systemen auf die Dübelhülse aufgesteckt werden (Abb. 4.3.-2).

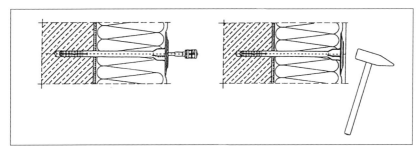

Abb. 4.3-1: Schlagdübel zur Befestigung von WDVS

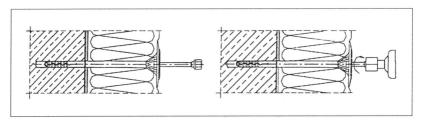

Abb. 4.3-2: Schraubdübel

81

4.3.2 Standsicherheit

4.3.2.1 Tragverhalten

Die Dübelhülsen müssen so stabil sein, daß sie die aus Windsog auf sie einwirkenden Lasten sicher aufnehmen können, ohne daß sie »umgekrempelt« werden. – Für die zusätzliche Verdübelung von Mineralfaser-Lamellenplatten werden wegen des geringen Widerstands gegen Durchstanzen Dübel mit einem Dübelteller von 140 mm Durchmesser gefordert.

4.3.2.2 Begrenzung der Dübelkopfverschiebung

Wie in Abschnitt 2.2 beschrieben, erfolgt der Nachweis der Dübelkopfverschiebung unter Berücksichtigung des Lastfalls »Eigengewicht« und des Lastfalls »hygrothermische Beanspruchung«.

Dabei kann der Lastfall »Eigengewicht« nach [27] pauschal über eine zusätzliche Dübelkopfverschiebung $u_{D, g} = 0,1$ mm berücksichtigt werden – wie Versuche nach [7] bestätigen. Da die Eigengewichtsversuche mit Dämmstoffdicken $d_{WD} = 60$ mm durchgeführt wurden, wird diese Verformung bei davon abweichenden Dicken mit einem Faktor, der dem Verhältnis des Hebelarms d_{WD} / 60 mm entspricht, multipliziert, so daß sich die Dübelkopfverformung aus Eigengewicht zu

- $d_{WD} = 60$ mm: $u_{D, g} = 0,10$ mm
- $d_{WD} = 100$ mm: $u_{D, g} = 0,17$ mm
- $d_{WD} = 150$ mm: $u_{D, g} = 0,25$ mm

ergibt.

Die Verformung aus der hygrothermischen Beanspruchung wird als maximale Randverformung entsprechend Abschnitt 5.3 unter Zugrundelegung der maßgebenden Lastfallkombination des Lastfalls »Schwinden« in Überlagerung mit einer Temperaturreduzierung des Putzes um 30 K ermittelt. Die vorhandene Gesamtverformung ergibt sich somit zu

$$\text{vorh } u_{D, ges} = u_{D, g} + u_{D, s} + u_{D, T}$$

Die vorhandene Dübelkopfverschiebung vorh $u_{D, ges}$ ist gegenüber der aufnehmbaren Dübelkopfverschiebung zul u_D abzugrenzen. Zur Festlegung der erforderlichen Sicherheit γ wird dabei das Kriterium der Tragfähigkeit maßgebend, da die Standsicherheit eines WDV-Systems nach [7] auch bei Versagen der Verklebung gewährleistet sein muß. Dabei wird ein globaler Sicherheitsbeiwert erf $\gamma_{D, u} = 2,0$ gegenüber der Stahlzugfestigkeit R_m und erf $\gamma_{D, el} = 1,5$ gegenüber der Streckgrenze R_{el} angesetzt, wobei vereinfachend und somit auf der sicheren Seite liegend die Spannung der Randfaser bemessungsmaßgebend wird. Eine weitere Traglasterhöhung bis zum vollständigen Durchplastizieren des Querschnitts wird nicht ausgenutzt.

Die maximale Dübelkopfverschiebung bei Erreichen der Stahlzugfestigkeit in der Randfaser ergibt sich zu:

$$u_D = \frac{2 \cdot R_m \cdot l_D^2}{3 \cdot d_{S/K} \cdot E_D}$$

mit R_m = 500 N/mm² für Festigkeitsklasse 5.8
$\quad\quad l_D$ = d_{WD} + d_S [mm]
$\quad\quad d_S$ Schaftdurchmesser [mm]
$\quad\quad d_K$ Kerndurchmesser [mm]
$\quad\quad E_D$ = 210.000 N/mm²

Nach [7] kann darüber hinausgehend ein spannungsloser Schlupf des Dübeltellers am Schraubenkopf u_{SL} = 0,2 mm angesetzt werden, so daß sich die aufnehmbare Gesamtverformung zul u_D ergibt zu

zul u_D = u_D + u_{SL}

und die vorhandene Sicherheit

$$\text{vorh } \gamma = \frac{\text{zul } u_D}{\text{vorh } u_D}$$

Der Nachweis der Begrenzung der Dübelkopfverschiebung wird bereits im Rahmen des Zulassungsverfahrens erbracht.

An dieser Stelle sei nochmals auf die bauaufsichtlichen Zulassungen der Dübel hingewiesen, nach denen bei veränderlichen Biegebeanspruchungen (zum Beispiel infolge Temperatur-Wechselbeanspruchung) der Spannungsausschlag σ_A = ± 50 N/mm² um den Mittelwert σ_M, bezogen auf den Kernquerschnitt der Schraube, zu begrenzen ist.

4.3.2 Wärmeschutz

Die Dübel wirken als punktuelle Wärmebrücken. Der Einfluß dieser punktuellen Wärmebrücken wird durch einen Zuschlag Δk_p zur Wärmedurchgangszahl k_o [W/(m² · K)] erfaßt:

$$k = k_o + n \cdot \Delta k_p$$

k   Wärmedurchgangszahl der Außenwand unter Berücksichtigung der durch die Dübel verursachten Wärmebrücken [W/(m^2 · K)]

k_o Wärmedurchgangszahl der Außenwand ohne die durch die Dübel verursachten Wärmebrücken [W/(m^2 · K)]

n   Anzahl der Dübel je m^2 Außenwandfläche (i.M. 7 Dübel/m^2)

Δk_p Zuschlag [W/K]

Aufgrund von Messungen und Berechnungen sind die Werte Δk_p in Abhängigkeit vom Dübeltyp vom DIBt entsprechend Abb. 4.3-3 festgelegt worden.

Nach allgemeinen bauaufsichtlichen Zulassungen neueren Datums ist die Wärmebrückenwirkung der Dübel wie folgt zu berücksichtigen, sofern die durchschnittliche Dübelzahl n pro m^2 Wandfläche (Mittelfeld, Randbereich) bei einer Dämmschichtdicke d überschritten wird:

$$k_c = k + k_p \cdot n \quad \text{in W/(m}^2\text{K)}$$

Dabei ist: k_c korrigierter Wärmedurchgangskoeffizient der Dämmschicht

              k   Wärmedurchgangskoeffizient der ungestörten Dämmschicht in W/(m^{2}K)

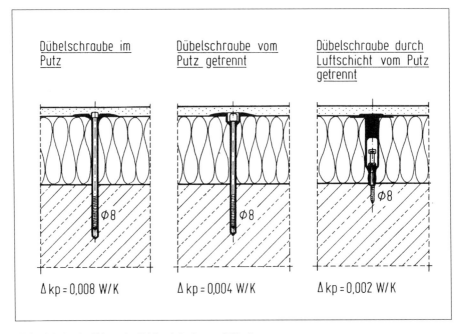

Abb. 4.3-3: Δk_p-Werte in Abhängigkeit vom Dübeltyp

k_p punktförmiger Wärmebrückeneinfluß eines Dübels

k_p = 0,008 W/K für Dübelklasse (1)

= 0,006 W/K für Dübelklasse (2)

= 0,004 W/K für Dübelklasse (3)

= 0,002 W/K für Dübelklasse (4)

n   durchschnittliche Dübelanzahl/m²

Tab. 4.3-1: Zu berücksichtigender Wärmebrückeneinfluß bei Überschreitung der durchschnittlichen Dübelanzahl n in Abhängigkeit von der Dübelklasse

d ≤ 50 mm	50 < d ≤ 100 mm	100 < d ≤ 150 mm	d > 150 mm	Dübelklasse
n > 5	n > 3	n > 2	n > 1	(1) Dübel mit Stahlschraube (Ø 10 mm), nicht geschützter Schraubenkopf
n > 7	n > 4	n > 3	n > 2	(2) Dübel mit Stahlschraube (Ø 8 mm), nicht geschützter Schraubenkopf
n > 10	n > 6	n > 4	n > 3	(3) Dübel mit galvanisch verzinkter Stahlschraube, kunststoffumspritzter Schraubenkopf
n > 20	n > 12	n > 8	n > 6	(4) Dübel mit Edelstahlschraube, kunststoffumspritzter Schraubenkopf

4.4 Verklebung

4.4.1 Material

Die Klebemasse eines WDV-Systems kann – wie in Absch. 4.1.3 beschrieben – mit dem Material des Unterputzes identisch sein.

Nach [26] stehen als Klebemörtel üblicherweise Materialien folgender Konzeption zur Verfügung:

– Klebemasse auf der Basis einer Kunststoffdispersion (Dispersions-Klebstoff), gefüllt, ohne weitere Zusätze verarbeitbar .

– Klebemasse auf der Basis einer Kunststoffdispersion, gefüllt, unmittelbar vor der Verarbeitung mit Zement zu versetzen

85

- Klebemasse, hergestellt aus einer Trockenmischung aus Quarzsand und Zement, unter Zusatz von Kunststoffdispersion
- Klebemasse, in Pulverform, werksgemischt, zum Anteigen mit Wasser

4.4.2 Verarbeitung

Bei teilflächig verklebten Systemen nach Abschnitt 3.2 und verklebten und verdübelten Systemen nach Abschnitt 3.3 erfolgt die Verklebung nach der Wulst-Punkt-Methode. Dabei wird die Plattenrückseite mit einem an den Rändern umlaufenden Wulst versehen und zusätzlich in Plattenmitte ein Klebestreifen oder zwei Mörtelbatzen gesetzt (Abb. 3.2-2).

Bei Systemen mit Mineralfaser-Lamellendämmplatten wird eine vollflächige Verklebung (100 %) vorgeschrieben. Wie bereits in Abschnitt 3.4 beschrieben, muß der Kleber dabei in einem ersten Arbeitsschritt in die Oberfläche der Mineralfaser-Lamellendämmplatte »einmassiert« werden, um eine ausreichende Haftung des Klebers auf der Lamellenoberfläche zu gewährleisten. Erst dann erfolgt der eigentliche Kleberauftrag. Für *beschichtete* Lamellen-Platten können Sonderregelungen geltend gemacht werden (50 % Verklebung) wenn entsprechende Nachweise vorgelegt werden.

Bei Systemen mit Schienenbefestigung nach Abschnitt 3.5 ist die Anordnung eines zusätzlichen Mörtelbatzens in Plattenmitte erforderlich. Dabei wird bei Systemen mit Polystyrol-Dämmplatten eine 10-prozentige Verklebung, also ein Mörtelbatzen, bei Systemen mit Mineralfaserplatten eine 20-prozentige Verklebung, also zwei Mörtelbatzen, ausgeführt. Zusätzlich wird aus wärmeschutztechnischen Gründen ein durchgehender Klebemörtelwulst am unteren sowie oberen Rand des WDV-Systems sowie im Bereich von Fensteröffnungen gefordert, um ein Hinterströmen der Dämmplatten durch die Außenluft zu verhindern.

5 Tragverhalten von WDVS

5.1 Beanspruchungen, Tragmodelle

Der Nachweis der Standsicherheit von WDVS ist für folgende Beanspruchungen nachzuweisen:

– Lastfall Eigengewicht (LF g)

Das Eigengewicht der Putzschicht und der Wärmedämmplatten schwankt je nach Konstruktion zwischen ca. 10 und 50 kg/m^2 (0,1 bis 0,5 kN/m^2) und ist sicher in den Untergrund weiterzuleiten.

– Lastfall Windsog (LF w_S)

Gemäß DIN 1055-4 treten die maximalen Windsogkräfte im jeweiligen Höhenbereich am Rand der Gebäude auf. Die Windsogbeanspruchung wirkt senkrecht zur Putzebene des WDVS.

– Lastfall hygrothermische Beanspruchung (LF ε_{H+T})

Neben dem Erstschwinden ε_S der Putzschicht, das durch das ausgeprägte Relaxationsverhalten des jungen Putzes nur zu geringen Zwängungsspannungen führt (siehe Abschnitt 4.1.3), treten in der Putzschicht Temperaturdehnungen $\varepsilon_T = \alpha_T \cdot \Delta T$ und auch weitere hygrische Dehnungen $\varepsilon_H = \alpha_\varphi \cdot \Delta\varphi$ infolge Änderungen der Ausgleichsfeuchte auf.

Je nach Ausbildung des WDVS (vgl. Abb. 3.1-1, 3.2-1, 3.2-2, 3.2-3, 3.3-1, 3.4-1 und 3.5-1) können die in den Abschnitten 5.2 und 5.3 aufgeführten Tragmodelle zum Abtrag der verschiedenen Beanspruchungen und zum Nachweis der Standsicherheit angewendet werden.

5.2 Tragmodelle zum Abtrag der Windsoglasten

Bei den rein verklebten Wärmedämm-Verbundsystemen (vgl. Bilder 3.2-1 und 3.4-1) werden die Windsoglasten w_S über die mindestens 40%-ige Verklebung der Dämmplatten in den Untergrund weitergeleitet (vgl. Bild 5.2-1 b). Durch Fest-

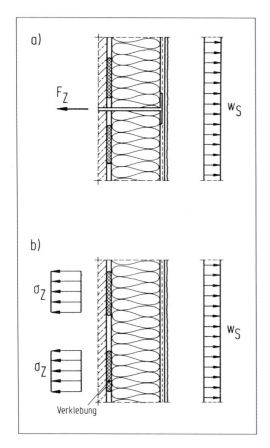

Abb. 5.2-1: Tragmodelle zum Lastabtrag der Beanspruchung aus Windsog

a Verklebtes und verdübeltes WDVS
b Ausschließlich verklebte WDVS

legung von Mindestanforderungen an die Querzugfestigkeit der Dämmplatten sowie an die Abreißfestigkeiten zwischen Kleber und Dämmplatten und schließlich zwischen Dämmplatten und Unterputz gilt der Nachweis der Standsicherheit für diese Beanspruchung als erbracht. Bei WDVS mit Verklebung und Verdübelung (Abb. 3.3-1) wird rechnerisch davon ausgegangen, daß die Windsogkräfte allein über die Verdübelung in den Untergrund weitergeleitet werden (siehe Abb. 5.2-1 a). Die Festlegung der erforderlichen Dübelanzahl erfolgt durch entsprechende Bauteilversuche, wobei ein globaler Sicherheitsbeiwert von $\gamma = 3{,}0$ im trockenen und $\gamma = 2{,}25$ im durchfeuchteten Zustand des WDVS zugrunde gelegt wird.

Die zulässige Windsogbeanspruchung eines WDV-Systems wird nach zwei unterschiedlichen Methoden untersucht:

a Nach dem Verfahren »Berlin« (Abb. 5.2-2)
b Nach dem Verfahren »Dortmund« (Abb. 5.2-3).

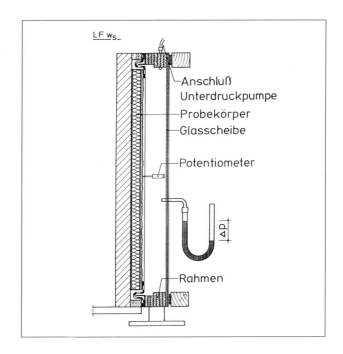

Abb. 5.2-2: Verfahren »Berlin« zur Simulation von Windsogbeanspruchungen

Anschluß Unterdruckpumpe
Probekörper
Glasscheibe
Potentiometer
Rahmen

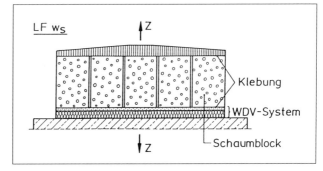

Abb. 5.2-3: Verfahren »Dortmund« zur Simulation von Windsogbeanspruchungen

Klebung
WDV-System
Schaumblock

Bei dem Verfahren »Berlin« wird das zu prüfende WDV-System auf eine Wand aufgebracht, um das WDV-System wird ein Widerlagerrahmen montiert, auf dem die Unterdruckglocke luftdicht angeschlossen wird. Der Luftraum zwischen der außenseitigen Glasscheibe und dem WDV-System wird mit Hilfe einer Unterdruckpumpe evakuiert, so daß der Lastfall Windsog weitgehend naturgetreu simuliert wird. Der Vorteil dieses Prüfverfahrens besteht darin, daß die Verformungen des WDV-System gemessen werden können und daß das Bruchverhalten visuell während des Versuches beobachtet werden kann.

Beim Verfahren »Dortmund« wird die Windsogkraft durch auf das WDV-System aufgeklebte Schaumstoffblöcke eingeleitet, die an einem starren Haupt einer

Prüfmaschine angeklebt sind (Abb. 5.2-3). Durch die Zwischenschaltung des Schaumstoffes zwischen der Prüfmaschine und dem WDV-System soll eine weitgehend gleichmäßige Krafteinleitung in das WDV-System sichergestellt werden.

Der Vergleich der Ergebnisse, die nach den beiden Verfahren gefunden wurden, zeigt, daß beide Verfahren weitgehend übereinstimmende Ergebnisse liefern.

Die maßgeblichen Versagensmechanismen unter Windsogbeanspruchung sind das Durchstanzen des Dübelkopfes durch die Wärmedämmung oder ein Biegebruchversagen der punktgestützten Putzschicht mit gleichzeitigem Abreißen vom Dämmstoff. Ein Herausziehen der Dübel aus dem Verankerungsgrund tritt bei fachgerechter Auswahl der Dübellastklasse in Abhängigkeit vom Verankerungsgrund in der Regel nicht auf.

Bei WDVS mit Schienenbefestigung (Abb. 3.5-1) werden die Windsogkräfte über die Halteschienen (vgl. Abb. 5.2-4) und die erforderlichen Zusatzdübel in Dämmplattenmitte in den Untergrund eingeleitet. Die Festlegung der erforderlichen Dübelanzahl erfolgt durch entsprechende Bauteilversuche. Die möglichen Bruchmechanismen, die unter Windsogbeanspruchung auftreten, sind zum einen ein Ausbrechen der Dämmplatte im Bereich der Auflagerung auf den Halteschienen und zum anderen das Durchziehen (Durchknöpfen) des Dübelkopfes durch die Halteschiene.

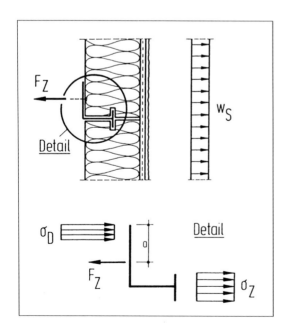

Abb. 5.2-4: Tragmodelle zum Lastabtrag der Windsogkräfte über die Halteschienen des WDVS

5.3 Tragmodell zum Abtrag der Lasten aus Eigengewicht und aus hygrisch-thermischer Beanspruchung

Sowohl die Beanspruchung aus dem Eigengewicht der Putzschicht einschließlich Wärmedämmung als auch die hygrothermische Beanspruchung wirken als eingeprägte Kräfte bzw. Verformungen innerhalb der Putzebene und führen zu einer Schubbeanspruchung des Wärmedämm-Verbundsystems (vgl. Abb. 5.3-1). Die maximale Schubspannung aus dem Lastfall Eigengewicht beträgt 0,5 kN/m^2 und kann aufgrund der sehr großen aufnehmbaren Schubkräfte bzw. Schubspannungen (vgl. Abb. 5.3-2) von zumindest teilflächig verklebten WDVS bei Standsicherheitsnachweisen vernachlässigt werden (Sicherheitsfaktoren zwischen 50 und 100).

Die Dehnungen der Putzschicht infolge hygrothermischer Beanspruchung führen neben Zwangspannungen im Bereich der Putzschicht zu Verformungen an den freien Wandrändern der Putzschicht. Die Größe der maximalen Rand-

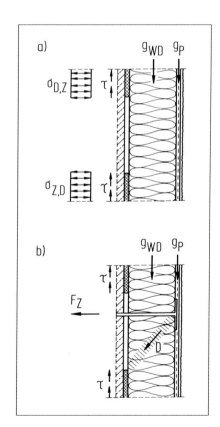

Abb. 5.3-1 Tragmodelle zum Lastabtrag des Eigengewichtes bzw. zur Aufnahme thermisch-hygrischer Beanspruchungen

a Verklebtes System
b Verklebtes und verdübeltes System

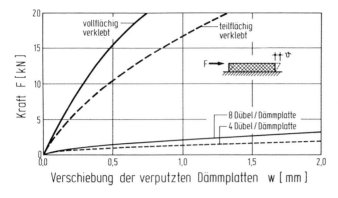

Abb. 5.3-2: Schubtragverhalten von WDVS mit Dämmplatten aus Polystyrol-Partikelschaum bei unterschiedlichen Befestigungsarten [38]

verformungen max u_R eines unendlich langen Wandstreifens kann mit Hilfe einer nichtlinearen FEM-Analyse unter Ansatz nichtlinearer anisotroper Materialmodelle für die Wärmedämmung und die Putzschicht ermittelt werden (vgl. [38]) oder überschläglich abgeschätzt werden zu:

$$\text{max } u_R = \sqrt{\frac{E_P \cdot d_P}{G_{WD} / d_{WD}} \cdot \left(\alpha_{T,P} \cdot \Delta T + \alpha_{\varphi,P} \cdot \Delta\varphi + \frac{\varepsilon_{S,\infty}}{3} \right)}$$

Es bedeuten:

E_P	Elastizitätsmodul der Putzschicht
d_P	Dicke der Putzschicht
G_{WD}	Schubmodul der Wärmedämmung
d_{WD}	Dicke der Wärmedämmung
$\alpha_{T,P}$	Wärmedehnzahl der Putzschicht
ΔT	Maximal auftretende Temperaturdifferenz in der Putzschicht gegenüber der Einbautemperatur (vereinfacht: $\Delta T = +70/-30$ K)
$\alpha_{\varphi,P}$	Feuchtedehnzahl der Putzschicht (vgl. [48], vereinfacht: 10^{-5} 1/% r.F.)
$\Delta\varphi$	Maximal auftretende Feuchtedifferenz in der Putzschicht gegenüber Jahresmittelwert der relativen Luftfeuchte (vereinfacht: $\Delta_\varphi = +10/-20$ % r.F.)
$\varepsilon_{S,\infty}$	Endschwindmaß der Putzschicht

Auch für mechanisch befestigte Systeme (Schienensysteme) mit zusätzlicher Verklebung (vgl. Abb. 3.5-1) werden die Beanspruchungen aus Eigengewicht und hygrothermischer Beanspruchung der Verklebung zugewiesen. Die Verklebung ist damit statisch zwingend erforderlich. Ein Verzicht auf die Verklebung ist nicht zulässig, da bei rein mechanischer Befestigung große Verformungen im Bereich der Wärmedämmplatten entstehen.

5.4 Nachweis der Standsicherheit für die einzelnen Systeme

Für Wärmedämm-Verbundsysteme, die in allgemeinen bauaufsichtlichen Zulassungen geregelt sind, ist der Nachweis der Standsicherheit für den beschriebenen Anwendungsbereich im Rahmen des Zulassungsverfahrens erbracht worden. Die wichtigsten Regelungen für die einzelnen Systeme sind in den nachfolgenden vier Abschnitten stichpunktartig zusammengestellt. Bei den mit *) gekennzeichneten Anforderungen stehen in den Zulassungen die systemspezifischen Werte, die einzuhalten sind.

5.4.1 WDVS mit angeklebten Dämmstoffplatten aus Polystyrol-Partikelschaum

a Tragender Untergrund

– Klebegeeignet (z.B. Mauerwerk gemäß DIN 1053, Stahlbeton u.ä.), Wandoberfläche fest, trocken, staubfrei, frei von ungeeigneten Altbeschichtungen,
– erforderliche Mindestabreißfestigkeit (Prüfung gemäß DIN 18555-6), erf $\beta_{HZ} \geq 0{,}08$ N/mm²;
– Unebenheiten bis 1 cm/m dürfen mit Hilfe der Verklebung ausgeglichen werden. Größere Unebenheiten sind mit einem geeigneten Mörtel auszugleichen.

b Verklebung

– Aufbringen des Klebemörtels auf die Dämmplatten mit »Wulst-Punkt-Methode« (vgl. Abb. 3.2-2),
– Mindestverklebungsfläche 40 % *), bezogen auf die Fläche einer Dämmplatte
– Abreißfestigkeit Kleber – Dämmstoff nach Wasserlagerung $\beta_{HZ} \geq 0{,}08$ N/mm².

c Dämmplatten

– Polystyrol-Partikelschaum PS 15 (DIN 18164-1), schwer entflammbar, Anwendungstyp W (PS 15-W-040-B1),
– Plattendicke $d_{WD} \leq 200$ mm,
– Mindestquerzugfestigkeit $\beta_{QZ} \geq 0{,}1$ N/mm².

d Unterputz/Glasfasergewebe

– Glasfasergewebe aus E-Glas mit Kunststoffbeschichtung,

- Mindestreißfestigkeit Gewebe gemäß DIN 53857-1:
  Anlieferungszustand: $\beta_T \geq 1,75$ kN/5cm *)
  28 Tage 5 % Natronlauge bei 23 °C: $\beta_{T,23} \geq 0,85$ kN/5cm *)
  6 Stunden alkalische Lösung bei 80 °C: $\beta_{T,80} \geq 0,75$ kN/5cm *)
- Abreißfestigkeit Unterputz - Dämmstoff im nassen Zustand $\beta_{HZ} \geq 0,03$ N/mm².

e Anwendungsbereich

- Bis »Hochhausgrenze«,
- WDVS ist schwer entflammbar (DIN 4102-B1).

5.4.2 WDVS mit angeklebten und angedübelten Dämmstoffplatten

a Tragender Untergrund

- Klebegeeignet, Wandoberfäche trocken, fest und staubfrei, Kleber verträglich mit Altbeschichtung,
- geeignet für Verdübelung,
- Unebenheiten bis 2 cm/m dürfen mit Hilfe der Verklebung ausgeglichen werden. Größere Unebenheiten sind mit geeignetem Mörtel auszugleichen.

b Verklebung

- Aufbringen des Klebemörtels auf die Dämmplatten mit »Wulst-Punkt-Methode« (vgl. Abb. 3.2-2),
- Mindesverklebungsfläche 40 % *),
- Abreißfestigkeit Kleber – Dämmstoff (Polystyrol-Partikelschaum) im nassen Zustand $\beta_{HZ} \geq 0,08$ N/mm².

c Dämmplatten

- Polystyrol-Partikelschaum PS 15 (DIN 18164-1), schwer entflammbar, Anwendungstyp W (PS 15 W-040-B1), Plattendicke $d_{WD} \leq 100$ mm, Mindestquerzugfestigkeit $\beta_{QZ} \geq 0,1$ N/mm² (100 kN/m²),
- Mineralfaser-Dämmstoffplatten (DIN 18165-1), nichtbrennbar, Anwendungstyp WV (Min P-WV-A2), Plattendicke 40 mm $\leq d_{WD} \leq 120$ mm,
- Mineralfaser-Dämmstoffplatten (DIN 18165-1), nichtbrennbar, Anwendungstyp WD (Min P-WD-A2), Plattendicke 40 mm $\leq d_{WD} \leq 120$ mm,
- Mineralfaser-Dämmstoffplatten (in Anlehnung an DIN 18165-1), nichtbrennbar, Anwendungstyp HD mit Mindestquerzugfestigkeit $\beta_{QZ} \geq 14$ kN/m² (trockener Zustand), Plattendicke 40 mm $\leq d_{WD} \leq 120$ mm

d Unterputz/Glasfasergewebe

- Glasfasergewebe aus E-Glas mit Kunststoffbeschichtung.
- Mindestreißfestigkeit Gewebe gemäß DIN 53857-1:
  Anlieferungszustand: $\beta_T \geq 1,75$ kN/5 cm^2
- 28 Tage 5 % Natronlauge bei 23 °C: $\beta_{T, 23} \geq 0,85$ kN/5 cm *)
  6 Stunden alkalische Lösung bei 80 °C: $\beta_{T, 80} \geq 0,75$ kN/5 cm *)
- Abreißfestigkeit Unterputz - Dämmstoff im nassen Zustand: ≤ 30 % bezogen
  auf den trockenen Zustand.

e Dübel

- Verwendung bauaufsichtlich zugelassener Dübel,
- Mindestanzahl an Dübeln (Dübelteller $\varnothing$ 60 mm) für WDVS gemäß Tabelle 5.4-1.

Tab. 5.4-1: Erforderliche Mindestdübelanzahl bei Dübelteller $\varnothing$ 60 mm für den Lastfall Windsogbeanspruchung bei üblichen WDVS

Dämmstoff	Dicke	Dübel-lastklasse	$H \leq 8$ m		8 m < H < 20 m		20 m < H < Anwendungsgrenze	
	(mm)	(kN/Dübel)	Fläche	Rand	Fläche	Rand	Fläche	Rand
Polystyrol-Partikel-schaum	40 - 55	$\geq 0,15$	5	8	5	10	6	14
	60 -100	$\geq 0,15$	4	8	4	10	6	14
Mineralfaser Typ "HD"	40 - 55	$\geq 0,15$	5	8	5	10	6	14
	60 -120	$\geq 0,15$	4	4	4	8	4	10
		$\geq 0,25$	4	8	4	10	6	14
Lamellen		$\geq 0,20$ $\varnothing$ 140mm	4	5	4	8	4	11

f Anwendungsbereich

- Mit Polystyrol-Dämmplatten als schwer entflammbares System (DIN 4102-B1) bis zur Hochhausgrenze,
- mit Mineralfaser-Dämmplatten und mineralischen Putzsystemen als unbrennbares System (DIN 4102-A2) bis 100 m Gebäudehöhe.

5.4.3　WDVS mit angeklebten Mineralfaser-Lamellendämmplatten

a Tragender Untergrund

- Klebegeeignet (z.B. Mauerwerk gemäß DIN 1053, Stahlbeton etc.), Wandoberfläche fest, trocken, staubfrei, frei von ungeeigneten Altbeschichtungen,
- erforderliche Mindestabreißfestigkeit (Prüfung gemäß DIN 18555-6), erf $\beta_{HZ} \geq$ 0,08 N/mm^2;
- Unebenheiten bis 1 cm/m dürfen mit Hilfe der Verklebung ausgeglichen werden. Größere Unebenheiten sind mit einem geeigneten Mörtel auszugleichen.

b Verklebung

- Der Klebemörtel muß in die Dämmplatten eingearbeitet werden (Preßspachtelung, Abb. 5.4-1), anschließend wird eine zweite Lage Klebemörtel vollflächig mit Kammspachtel aufgebracht.
- Verklebungsfläche 100 %,
- Abreißfestigkeit Kleber – Dämmstoff $\beta_{HZ} \geq 0,08$ N/mm^2 (trockener Zustand) $\beta_{HZ} \geq 0,03$ N/mm^2 (nasser Zustand).

c Dämmplatten

- Mineralfaserlamellen-Dämmplatten (DIN 18165-1), nichtbrennbar (DIN 4102-A2), Plattendicke 40 mm $\leq d_{WD} \leq 200$ mm,
- Mindestquerzugfestigkeit $\beta_{QZ} \geq 0,08$ N/mm^2 gemäß DIN 52274.
- Mindestschubmodul G $\geq 1,0$ N/mm^2 geprüft nach DIN EN 12 090

Abb. 5.4-1: Vollflächige Verklebung von Mineralfaser-Lamellenplatten

d Unterputz/Glasfasergewebe

– Glasfasergewebe aus E-Glas mit Kunststoffbeschichtung,
– Mindestreißfestigkeit Gewebe gemäß DIN 5385-1:
  Anlieferungszustand: $\beta_T \geq 1,75$ kN/5 cm^2 *)
– 28 Tage 5 % Natronlauge bei 23 °C: $\beta_{T,\,23} \geq 0,85$ kN/5 cm^2 *)
  6 Stunden alkalische Lösung bei 80 °C: $\beta_{T,\,80} \geq 0,75$ kN/5 cm^2 *)
– Abreißfestigkeit Unterputz - Dämmstoff im nassen Zustand $\beta_{HZ} \geq 0,03$ N/mm^2.

e Anwendungsbereich

– Bis Gebäudehöhe $\leq$ 100 m,
– WDVS ist nichtbrennbar (DIN 4102-A2),
– über 20 m Höhe ist eine Verdübelung mit bauaufsichtlich zugelassenen Dübeln und Dübeltellern $\varnothing$ 60 mm durch das Glasfasergewebe oder mit Dübeltellern $\varnothing$ 140 mm unterhalb des Gewebes zumindest im Randbereich des Gebäudes erforderlich *).

5.4.4   WDVS mit Schienenbefestigungen

a Tragender Untergrund

– Wandoberfläche trocken, fest, staub- und fettfrei, Altbeschichtung kleberverträglich,
– geeignet für Verdübelungen,
– Unebenheiten bis 3 cm/m dürfen durch Unterfütterung der Halteschienen ausgeglichen werden. Größere Unebenheiten sind mit einem geeigneten Mörtel auszugleichen.

b Verklebung

– Aufbringen des Klebemörtels auf die Dämmplatten als Mörtelbatzen,
– Mindestverklebungsfläche 10 % (Polystyrolplatten) bzw 20 % (Mineralfaserplatten).

c Dämmplatten

– Polystyrol-Partikelschaum PS 15 (DIN 18164-1), schwer entflammbar, Anwendungstyp W (PS 15-W-040-B1), Plattendicke 60 mm $\leq d_{WD}$ 100 mm, Mindestquerzugfestigkeit $\beta_{QZ} \geq 0,15$ N/mm^2
– Mineralfaser-Dämmstoffplatten (in Anlehnung an DIN 18165-1), nichtbrennbar

(DIN 4102-A2), Anwendungstyp WD (Min P WD-040-A), Plattendicke 60 mm $\leq d_{WD} \geq 120$ mm, Mindestquerzugfestigkeit $\beta_{QZ} \geq 14$ kN/m^2

d Halte- und Verbindungsschienen

- Schienen aus Aluminium A1MgSi 0,5 F 22 (DIN 1748-1) für Mineralfaser-platten,
- Schienen aus PVC-hart (DIN 7748, PVC-U, EDLP, 080-25-28) für Polystyrol-Hartschaumplatten,
- Dübelkopfdurchzugskraft $\geq 0,70$ kN,
- Befestigung der Halteschienen mit Dübeln (Kragenkopf Ø 16 mm) im Abstand von 30 cm.

e Unterputz/Glasfasergewebe

- Glasfasergewebe aus E-Glas mit Kunststoffbeschichtung,
- Mindestreißfestigkeit Gewebe gemäß DIN 53857-1: Anlieferungszustand: $\beta_{T} \geq 1,75$ kN/5 cm^2 *)
- 28 Tage 5 % Natronlauge bei 23 °C: $\beta_{T, 23} \geq 0,85$ kN/5 cm *) 6 Stunden alkalische Lösung bei 80 °C: $\beta_{T, 80} \geq 0,75$ kN/5 cm *)
- Abreißfestigkeit Unterputz - Dämmstoff im nassen Zustand: ≤ 30 % bezogen auf den trockenen Zustand.

f Verdübelung

- Zusätzliche Dübel (Tellerdurchmesser 60 mm) je Platte gemäß Tabelle 5.4-1.

g Anwendungsbereich

- Mit Polystyrol-Dämmplatten und PVC-Halteschienen als schwer entflammbares System bis zur Hochhausgrenze,
- mit Mineralfaser-Dämmplatten und Halteschienen aus Aluminium sowie einem mineralischen Putzsystem als unbrennbares System (DIN 4102-A2) bis 100 m Gebäudehöhe.

5.5 Eignung von WDVS bei der Sanierung von Dreischichtenplatten des Großtafelbaus

In Abschnitt 5.3 wurden die Bewegungen der Vorsatzschichtfugenränder zwischen den Wandelementen eines Großtafelbaus unter der Voraussetzung, daß ein WDVS auf diesen Wänden angebracht wird, ermittelt.

Die Eignung von WDVS zur Überbrückung von sich bewegenden Rissen im Untergrund wurde in verschiedenen Forschungsinstituten untersucht. Anhand von Starrkörperverschiebungen Δu des Untergrundes wurde das Rißbildungsverhalten und die resultierenden maximalen Rißbreiten in der glasfasergewebebewehrten Putzschicht von endlich langen Probekörpern ermittelt. Zusammenfassend zeigte sich, daß folgende Einflußgrößen für die Größe der entstehenden Risse im Putz von entscheidender Bedeutung sind:

1. Mit abnehmender Schubsteifigkeit der Wärmedämmschicht nimmt die Spannungskonzentration innerhalb der Putzschicht über der Fuge ab (geringere Rißbreiten).

2. Mit größerer Dehnsteife der Putzschicht nimmt zwar die Spannungskonzentration im ungerissenen Zustand ab, andererseits nimmt aber die Größe der entstehenden Rißbreiten zu.

3. Von entscheidender Bedeutung für die Größe der entstehenden Risse – nicht nur unter dem Lastfall »Fugenöffnungen im Untergrund« – ist das Zugtragverhalten des Unterputzes mit Glasfasergewebebewehrung maßgeblich. Es zeigte sich, daß Putzsysteme, die bei Putzstreifen-Zugversuchen entsprechend Abschnitt 4.1.4.2 eine Vielzahl von feinen Rissen mit maximalen Rißbreiten von ca. 0,1 mm aufweisen, im Überbrückungsversuch rissefrei bleiben und somit für WDVS auf Großtafelbauten zur Fugenüberbrückung gut geeignet sind (vgl. Abb. 5.5-1). Die Rißverteilung kann zum einen durch eine Reduzierung der Maschenweite des Gewebes und zum anderen durch eine Verbesserung der Eigenschaften der Kunstoffbeschichtung des Gewebes, wodurch die Verbundeigenschaften zwischen Putz und Bewehrung sich verbessern, gesteuert werden.

Der Nachweis der ausreichenden Fugenüberbrückungsfähigkeit eines WDVS kann nach einem der folgenden Verfahren erbracht werden:

– Durchführung eines Großversuchs (WDVS mit der angestrebten minimalen Dämmstoffdicke) bei einer Fugenöffnung von 2,4 mm und gleichzeitiger Abkühlung der Putzoberfläche auf –20 °C.

– Durchführung eines Putzstreifen-Zugversuches (Abschnitt 4.1.4.2) und anschließender FEM-Berechnung der Fugenüberbrückungsfähigkeit des WDVS einschließlich Variation der Dämmstoffdicke und Dämmstoffart.

In der allgemeinen bauaufsichtlichen Zulassung eines WDVS mit dem Nachweis der Eignung der Fugenüberbrückungsfähigkeit wird der nachgewiesene zulässige Anwendungsbereich explizit im Abschnitt 1.2 der jeweiligen Zulassung angegeben. Es heißt dort z.B.:

Anwendungsbereich:
Zur Überbrückung von Dehnungsfugen in den Außenwandflächen (z.B. der Fugen in der Außenfläche von Plattenbauten bei Verwendung von Dreischichtplatten) dürfen die Wärmedämm-Verbundsysteme nur bei Fugenabständen bis 6,20 m verwendet werden; dabei muß die Dämmstoffdicke mindestens 60 mm betragen. Dehnungsfugen zwischen Gebäudeteilen müssen mit Dehnungsprofilen im Wärmedämm-Verbundsystem berücksichtigt werden.

5.6 Standsicherheit dreischichtiger Außenwände, die nachträglich mit wärmedämmenden Bekleidungen versehen werden

Bei der Untersuchung des Tragverhaltens von dreischichtigen Außenwandelementen (Abb. 5.6-1 und 5.6-2), die nachträglich mit einer wärmedämmenden

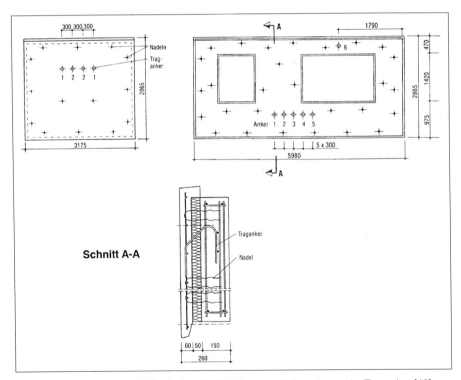

Abb. 5.6-1: Dreischichtige Wände des Großtafelbaues mit Anordnung der Traganker [40] Prinzipzeichnung

Abb. 5.6-2: Freigestemmte Außenwand zur Überprüfung der Lage der Traganker

Bekleidung versehen wurden, sind sowohl Versuche (Abb. 5.6-3) als auch Berechnungen zum Nachweis der Standsicherheit der Wände durchgeführt worden. Die Ergebnisse für diese dreischichtigen Wände (Betonsandwichwände) lassen sich wie folgt zusammenfassen [40]:

1. Bei mehreren stichprobenartigen Untersuchungen von ausgeführten Außenwänden wurde nachgewiesen, daß

   a   die Traganker weitgehend an den geplanten Stellen eingebaut worden sind und

   b   die Traganker vorwiegend aus nichtrostendem Stahl (Edelstahl) bestehen.

2. Das Tragverhalten der Außenwandkonstruktionen wurde mit einem Finite-Elemente-Programm (ADINA 6) nachvollzogen. Die Genauigkeit der Elementierung und der Berechnung wurde durch Tragversuche bestätigt (Abb. 5.6-4). Das Ergebnis der Berechnung ist, daß die Beanspruchung der Wetterschutzschicht (σ_{Beton}) durch die maßgebenden Lastfälle Eigengewicht, Wind und Temperatur gering sind und praktisch zu vernachlässigen sind.

3. Die Tragfähigkeit der Traganker wurde entsprechend DIN 18800 nachgewiesen; die Traganker plastifizieren unter den maßgebenden Lastfällen nicht durch, so daß die Standsicherheit nachgewiesen ist.

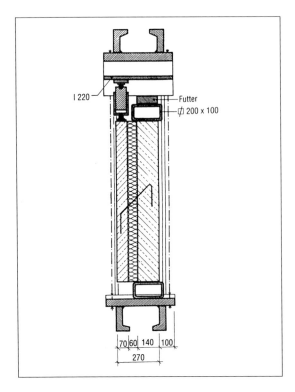

Abb. 5.6-3: Traglastversuch: Abscheren der Wetterschutzschicht (Vorsatzschicht) [40]

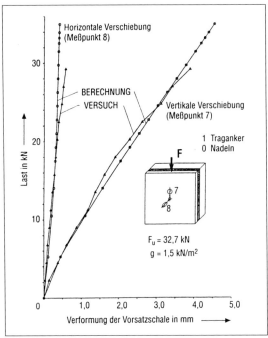

Horizontale Verschiebung (Meßpunkt 8)

BERECHNUNG
VERSUCH

Vertikale Verschiebung (Meßpunkt 7)

1 Traganker
0 Nadeln

$F_u = 32{,}7$ kN
$g = 1{,}5$ kN/m²

Last in kN

Verformung der Vorsatzschale in mm

Abb. 5.6-4: Vergleich zwischen Rechnung und Versuch (nach Abb. 5.6-3) [44]

4. Die typischen Risse in den Wetterschutzschichten, die bei der Fertigung der Wände entstanden sind, stellen im Regelfall keine Gefahr für die Tragfähigkeit der Traganker dar.

5. Die Ermüdungssicherheit der aus nichtrostendem Stahl bestehenden Traganker unter temperaturbedingten Wechselbeanspruchungen ist gewährleistet.

6. Durch das nachträgliche Aufbringen von WDVS auf die Wetterschutzschicht wird die Beanspruchung der Traganker deutlich verringert, weil der maßgebende Lastfall Temperatur reduziert wird. Zusätzliche Traganker sind in der Regel überflüssig.

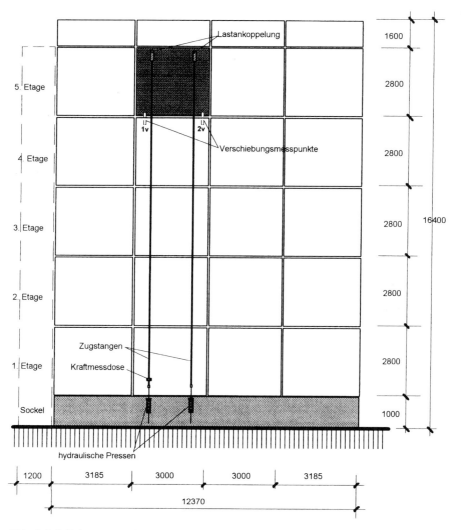

Abb. 5.6-5: Belastungsprüfung (Abscheren) an Wetterschutzschicht in situ [55]

103

7. Für die Verdübelung der nachträglich aufgebrachten wärmedämmenden Konstruktionen auf den Wetterschutzschichten sind bauaufsichtlich zugelassene Kunststoffdübel zu verwenden. Die Dübel brauchen nur in der Wetterschutzschicht (Mindestdicke 40 mm) verankert zu werden.

8. Wenn begründete Zweifel an der ordnungsgemäßen Ausführung der Wände bestehen (keine Anker aus nichtrostendem Stahl o.ä.), können zusätzlich bauaufsichtlich zugelassene Traganker zur Sicherung der Wetterschutzschicht eingebaut werden. Die Traganker müssen ohne Berücksichtigung der vorhandenen Anker die gesamte Beanspruchung der Wetterschutzschicht in die Tragschicht weiterleiten. Die dabei möglicherweise entstehenden Zwangsbeanspruchungen sind rechnerisch zu verfolgen. Es ist darauf hinzuweisen, daß die Wetterschutzschichten während des Setzens der Traganker entsprechend den allgemeinen bauaufsichtlichen Zulassungen für die Anker durch zusätzliche Maßnahmen gesichert werden müssen.

Abschließend sei darauf hingewiesen, daß die Tragfähigkeit der vorhandenen Traganker auch durch Versuche an bestehenden Bauten (vgl. Abb. 5.6-5) sowie im Rahmen von Bauteilversuchen (vgl. Abb. 5.6-6) überprüft wurde. Das Ergebnis war, daß die Anker das bis zu vierzigfache der Eigenlast der aus Beton bestehenden Vorsatzschicht aufnehmen können, ohne daß signifikante Verformungen auftreten (vgl. Abb. 5.6-7).

Die Notwendigkeit einer zusätzlichen Verankerung der Wetterschutzschichten wird deshalb aus technischen Gründen auf Einzelfälle beschränkt bleiben. Die nachträgliche Verankerung der Wetterschutzschicht mit Tragankern ist in der Regel überflüssig und kostentreibend.

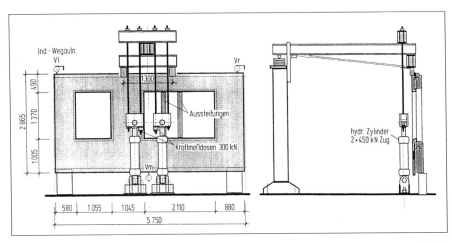

Abb. 5.6.-6: Bauteilversuch (Abscheren der Wetterschutzschicht) an Wandelement aus DDR-Produktion [54]

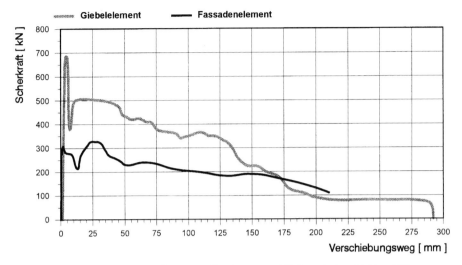

Abb. 5.6.-7: Kraftverformungsdiagramm Abscheren von Wetterschutzschichten [54]

6   Konstruktive Grundsatzdetails

6.1   Vorbemerkung

Obwohl Wärmedämm-Verbundsysteme sich in der Praxis bewährt haben, treten immer wieder Planungs- bzw. Verarbeitungsfehler auf; Planungsfehler dann, wenn die ausführende Firma nicht auf die bewährten Standarddetails des WDV-Systemanbieters zurückgreift oder wenn der Planer es versäumt, die Standarddetails seinen besonderen gestalterischen Vorstellungen anzupassen. Er kann hierbei den Beratungsservice eines jeden WDV-Systemherstellers in Anspruch nehmen, der aufgrund seiner besonderen Erfahrung durchaus in der Lage ist, mitzuhelfen, planerische Konzepte in Ausführungsdetails umzusetzen.

Eine schadensfreie Konstruktion setzt aber nicht nur eine durchdachte Detailplanung, sondern auch eine darauf abgestimmte Ausführungsplanung voraus. Bei der Ausführung der WDV-Arbeiten ist insbesondere auf die Abstimmung der einzelnen Gewerke zu achten:

– Anschlüsse und Durchdringungen sind so zu planen, daß diese Leistungen vor dem Anbringen der Wärmedämm-Verbundplatten bzw. des Wärmedämm-Verbundsystems im Ganzen fertiggestellt sind, um die Abdichtungsmaßnahmen anschließend regensicher ausbilden zu können.

– Weiterhin ist frühzeitig das Wärmedämm-Verbundsystem durch Schutzmaßnahmen (Attikaabdeckbleche, Fensterbänke u.ä.) gegen eindringenden Niederschlag zu schützen, um Rißbildungen, Durchfeuchtungsschäden, Blasenbildungen, Abplatzungen u.ä. zu vermeiden.

Grundsätzlich gilt, daß Details im Bereich von Wärmedämm-Verbundsystemen so zu planen sind, daß

– kein Wasser in das WDVS eindringen kann und daß
– Zwängungsspannungen (insbesondere z.B. im Bereich von Fensterbänken) vermieden werden.

6.2 Dehnungsfugen

Dehnungsfugen bzw. Setzungsfugen im Bereich der tragenden Wände sind auch im Bereich der Wärmedämm-Verbundsysteme aufzunehmen; ausgenommen sind in der Regel die Fugen zwischen den Vorsatzschichten/Witterungsschichten von dreischichtigen Wänden des Großfafelbaues (vgl. hierzu Abschnitt 5.5) soweit in den allgemeinen bauaufsichtlichen Zulassungen die Fugenüberbrückungsfähigkeit des WDVS bestätigt wird.

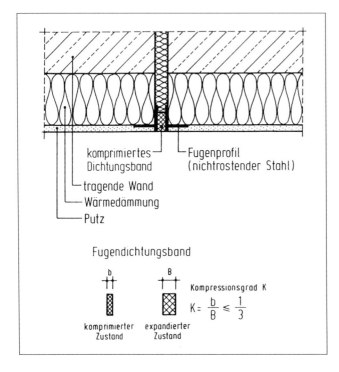

$$K = \frac{b}{B} \leq \frac{1}{3}$$

Abb. 6.2-1: Dehnungsfuge mit vorkomprimiertem Dichtungsband

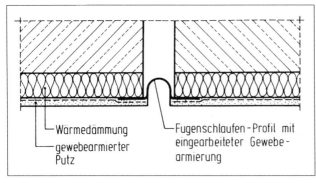

Abb. 6.2-2: Dehnungsfuge mit Fugenband

Werden Dehnungsfugen im Bereich der WDVS erforderlich, so können diese z.B. entsprechend Abb. 6.2-1 ausgeführt werden. Wichtig hierbei ist, daß die Schenkel der Fugenprofile, die auf der Wärmedämmung befestigt werden, gelocht sind, damit der Unterputz einen sicheren Verbund zwischen den Fugenprofilen und der Wärmedämmung sicherstellt. Bewitterungsversuche bei gleichzeitiger Erwärmung und anschließend schroffer Abkühlung sowie weitgehend naturgetreuer Beregung der Wände im Labor haben ergeben, daß die Fugenprofile sich kaum relativ zum Putz verformen und daß der Witterungsschutz der Wand durch die Fugen nicht beeinträchtigt wird; die Länge der einzelnen Fugenprofile sollte aber 2,50 m nicht überschreiten. Alternativ können die Fugen auch mit Dichtungsbändern – z.B. entsprechend Abb. 6.2-2 – ausgeführt werden.

Für normale Dehnungsfugen im Hochbau - ohne besondere Beanspruchungen - gilt, daß die Fugenbreite mindestens ca. 15 mm betragen muß. Das vorkomprimierte Dichtband (Abb. 6.1-1) sollte mindestens eine Breite von 45 mm im expandierten Zustand aufweisen, so daß dann der Kompressionsgrad K = Fugenbreite: Bandbreite im expandierten Zustand mindestens 15 mm:45 mm = 1:3 beträgt. Hierbei ist anzumerken, daß der erforderliche Kompressionsgrad von dem Material des Bandmaterials abhängig ist (die getroffene Angabe gilt für PU-Schaumbänder).

Manche Hersteller bieten bitumengetränkte Schaumstoffbänder an; diese haben sich nur bedingt im Bereich des Hochbaues bewährt, da bei intensiver Sonnenbestrahlung es zu einem »Auslaufen« des Bitumens kommen kann.

Soweit PU-Bänder verwendet wurden, ist deren Langzeitbeständigkeit in der Praxis nachgewiesen; wichtig ist aber, daß unter Berücksichtigung der zu er-

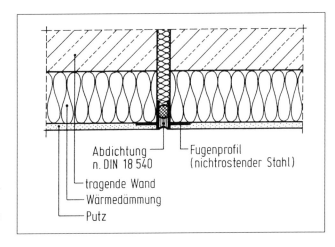

Abb. 6.2-3: Dehnungsfuge mit Dichtungsmasse in Anlehnung an DIN 18540

wartenden Fugenbewegungen immer ein Kompressionsgrad entsprechend den Herstellervorschriften eingehalten wird (z.B. 1:3; siehe oben).

Anstelle der vorkomprimierten Bänder können auch Dichtungsmassen nach DIN 18540 verwendet werden (Abb. 6.2-3). Die Langzeitbeständigkeit solcher Dichtungsmassen wird nach wie vor kontrovers diskutiert. Unter der Voraussetzung einer die zulässige Dehnung der Dichtungsmassen von 25 % nicht übersteigenden Beanspruchung kann nach heutigem Stand der Technik eine hinreichende Bewährung attestiert werden. – Wichtig ist weiterhin, daß die Verträglichkeit zwischen den Dichtungsmassen und den Kunstharzputzen gegeben ist; gegebenenfalls ist die Putzschicht mit einem sperrenden Voranstrich zu versehen (Primer), damit die Wechselwirkung zwischen Putz und Dichtungsmasse unterbunden wird. Bei der Ausführung der Anstricharbeiten ist zu beachten, daß der Primer in der Regel einen unterschiedlichen Glanzgrad im Vergleich zur Farbe des Putzes aufweist, so daß eine Abklebung erforderlich sein kann.

6.3   Sockel- und Eckschienen

Im Bereich der Sockel und der Gebäudekanten, aber auch im Bereich der Fensterlaibungen werden zum Schutz des Putzes Profile eingebaut (Abb. 6.3-1).

Die Sockelprofile sollten vorzugsweise aus nichtrostendem Stahl im Hinblick auf deren Langzeitbeständigkeit hergestellt sein. Soweit die Profile direkt auf dem

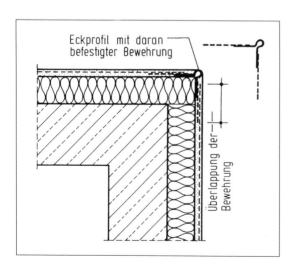

Eckprofil mit daran befestigter Bewehrung

Überlappung der Bewehrung

Abb. 6.3-1: Eckwinkel aus Kunststoff mit direkt daran befestigtem Bewehrungsgewebe

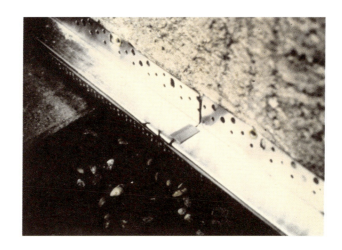

Abb. 6.3-2: Stoßausbildung zwischen zwei Sockelprofilen (Foto Fa. Ispo GmbH)

tragenden Untergrund befestigt werden (Achtung: Wärmebrücken), ist eine weitgehend die Dehnung der Profile behindernde Befestigung zu wählen (z.B. Befestigung mit Dübeln in einem Abstand von weniger als 30 cm). Unebenheiten des Untergrundes können mit Distanzscheiben zwischen Untergrund und Profil ausgeglichen werden. Die Schenkel der Profile, die in den Putz einbinden, müssen zur Gewährleistung eines ausreichenden Verbundes gelocht sein.

Die Profile sollen dicht gestoßen und nicht überlappend montiert werden. An den Stoßstellen der Profile sind diese – entsprechend den Herstellervorschriften – durch Klemmprofile zu verbinden (Abb. 6.3-2). Die Länge der einzelnen Profile sollte ca. 2,50 bis 3,00 m nicht überschreiten, um mögliche entstehende Zwangsbeanspruchungen der Dübel bzw. des Putzes zu begrenzen.

WDVS sollen nicht bis dicht über Gebäudehöhe heruntergeführt werden. Das anfallende Spritzwasser führt zu einer Verschmutzung bzw. zu einer Fleckenbildung der in der Regel hellfarbigen Putze; weiterhin ist die Stoßfestigkeit der Wärmedämm-Verbundsysteme in diesem besonders gefährdeten Bereich in der Regel nicht gegeben.

Soweit die Wärmedämmung auch im Erdreich vorhanden sein muß, ist hierfür eine Perimeterdämmung (vorzugsweise extrudiertes Polystyrol), deren Verwendung in einer allgemeinen bauaufsichtlichen Zulassung geregelt sein muß, zu verwenden. Ein Beispiel mit einem stoßfesten 2 cm dicken Putz für eine Sockelausbildung ist in Abb. 6.3-3 dargestellt; bezüglich der Hafteigenschaften des Putzes auf den Dämmplatten aus extrudiertem Polystyrol ist der Hersteller des Wärmedämm-Verbundsystems zu konsultieren. Der Anschluß zwischen Putz und Sockelprofil ist sofort nach dem Aufbringen des Putzes aufzuschneiden und nach dessen Erhärten ist die Fuge z.B. mit einem komprimierbaren Fugenband

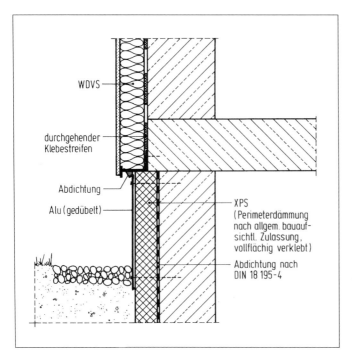

WDVS

durchgehender Klebestreifen

Abdichtung

Alu (gedübelt)

XPS (Perimeterdämmung nach allgem. bauaufsichtl. Zulassung, vollflächig verklebt)

Abdichtung nach DIN 18 195-4

Abb. 6.3-3: Sockelausbildung mit Wärmedämmung aus extrudiertem Polystyrol (Perimeterdämmung)

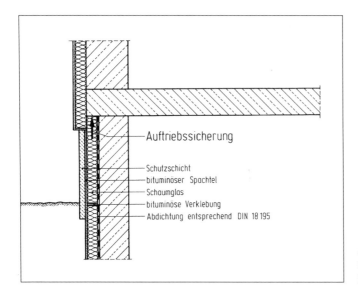

Auftriebssicherung

Schutzschicht
bituminöser Spachtel
Schaumglas
bituminöse Verklebung
Abdichtung entsprechend DIN 18 195

Abb. 6.3-4: Sockel durch eine Betonplatte geschützt

abzudichten. Erdreich, Terrassen- oder Gehwegplatten sollen nicht dicht an das WDVS stoßen; es soll eine Kiesschicht vor dem WDVS angeordnet werden. In Abb. 6.3-4 ist ein Sockel dargestellt, der durch eine Platte geschützt ist.

6.4 Dachrandabdeckungen/Traufbleche

Dachrandabdeckungen werden meist aus abgekanteten Zink-, Kupfer- oder Aluminiumblechen hergestellt und auf Haltebügeln (sog. »Haftern«) oder durchgehenden Einhangblechen befestigt. Diese Halteprofile müssen der zur erwartenden Windbeanspruchung standhalten; die Befestigungen sollten möglichst nahe an der Außenkante der Wände erfolgen. Befestigungen mit Nägeln sind bei Randabdeckungen nicht ausreichend. Üblicherweise werden die Halteprofile in Bohlen verschraubt, die in der Attika selber verdübelt sind (Abb. 6.4-1).

Dachrandabdeckungen sollen grundsätzlich ein deutliches Gefälle zum Dach hin aufweisen, damit Niederschlagswasser mit den auf dem Abdeckblech sich ablagernden Verunreinigungen ablaufen kann, ohne daß die Außenwand verschmutzt wird.

Die senkrechten Schenkel der Abdeckungen sollen die oberen Ränder der Wände bzw. Attiken aus Gründen des Witterungsschutzes entsprechend den Flachdachrichtlinien [41] überlappen, und zwar bei Gebäudehöhen

– bis 8 m   ≥ 5 cm
– über 8 m bis 20 m   ≥ 8 cm
– über 20 m   ≥ 10 cm

Der Überstand von Abdeckungen muß eine Tropfkante von mindestens 2 cm Abstand von den zu schützenden Bauwerksteilen erhalten [41]; in [42] werden in Abhängigkeit von der Gebäudehöhe bis zu 5 cm empfohlen (bei Kupferabdeckungen generell 5 bis 6 cm), um Verschmutzungen der Außenwand weitge-

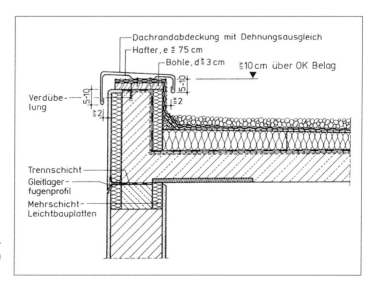

Abb. 6.4-1:
Dachrandausbildung im Bereich der Attika

hend zu vermeiden. Es muß in diesem Zusammenhang darauf hingewiesen werden, daß die Abdeckbleche das Hochtreiben des Niederschlages an den Außenwänden nicht verhindern können. Aus diesem Grund müssen die Stirnseiten der Wärmedämmung entweder durch die Bohlen abgedeckt werden oder die Stirnseiten der Wärmedämmung müssen – besser – durch die Putzschicht geschützt werden (siehe Abb. 6.4-1).

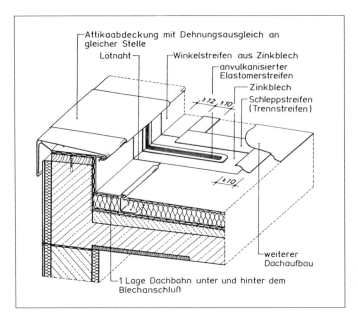

Abb. 6.4-2:
Dehnungsausgleich von Dachrandabdeckungen [42]

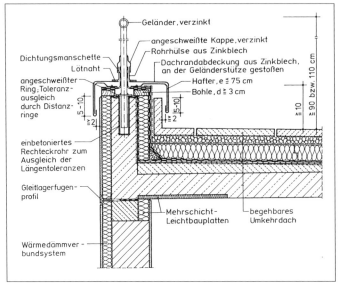

Abb. 6.4-3:
Attikaausbildung mit Geländerstütze bei begehbaren Flachdächern

114

Die Stöße der Abdeckbleche müssen so ausgebildet sein, daß durch temperaturbedingte Längenänderungen keine Schäden auftreten können und weiterhin müssen die Stöße so regendicht sein, daß es zu keinen Verschmutzungen an den Außenwänden aufgrund von durchtretendem Wasser kommen kann. Mindestens alle, 8 m ist ein Dehnungsausgleich einzubauen. Die Dehnung kann durch eine Flachschiebenaht, Dehnungsausgleicher oder durch eine zusätzliche abzudichtende Unterdeckung bei offenem Stoß ermöglicht werden (Abb. 6.4-2).

Begehbare Flachdächer müssen gemäß der Musterbauordnung Umwehrungen

– bei Absturzhöhen H ≤ 12 m von 0,9 m Höhe,
– bei Absturzhöhen H ≥ 12 m von 1,1 m Höhe

erhalten. Sie können als Geländer oder Brüstungen ausgebildet werden. Die dazu erforderlichen Durchdringungen der Blechabdeckungen durch die Geländerstützen sind mit ca. 5 cm Rohrhülsen oder angeschweißten Kappen bzw. Manschetten mit Spannband auszubilden; ein Beispiel ist in Abb. 6.4-3 dargestellt.

6.5   Fensteranschlüsse

Bei Außenwänden mit WDVS ist der Anschluß zwischen dem Fensterrahmen und dem Mauerwerk entsprechend dem Stand der Technik so auszuführen, daß die bauphysikalischen Eigenschaften der Wand auch im Bereich der Fuge zwischen Fensterrahmen ud Außenwand nicht wesentlich gemindert werden. Hierzu ist es erforderlich, daß, nachdem der Fensterrahmen in der Öffnung ausgerichtet und befestigt ist, die Fuge mit Mineralwolle o.ä. ausgestopft wird. Das Schließen der Fuge mit PU-Schaum ist aus schallschutztechnischen Gründen

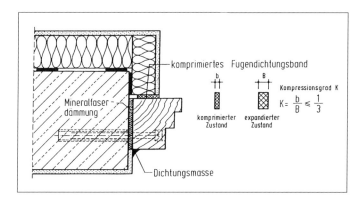

Abb. 6.5-1: Ausbildung der Fuge zwischen Blendrahmen und Mauerwerk

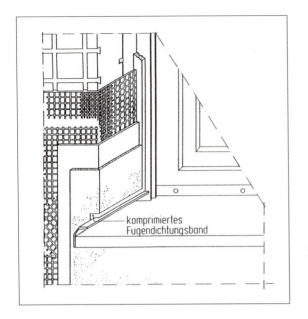

komprimiertes
Fugendichtungsband

Abb. 6.5-2: Anschluß des WDVS an den Fensterrahmen sowie Anschluß des Fensterabdeckbleches an die Fensterlaibung

Abb. 6.5-3: Anschluß des Fensterabdeckprofils an die Wärmedämmung mit einem vorkomprimierten Fugenband

nicht vorteilhaft. Auf der zum Rauminnern hin orientierten Seite sollte die Fuge nach Möglichkeit weitgehend dampfdicht geschlossen werden, um das Eindringen von Wasserdampf in die Fuge zu verhindern, der unter Umständen im vorderen Bereich des Fensterrahmens kondensieren könnte. Abbildung 6.5-1 zeigt einen möglichen Anschluß.

Wichtig ist, daß das vorkomprimierte Fugenband zwischen dem Fensterrahmen und dem WDVS (vgl. Abb. 6.5-1) eine ausreichende Komprimierung erfährt. Für Fugenbänder aus Weichpolyurethanschaum gilt z.B., daß der Kompressionsgrad geringer als 1:3 sein soll, um einen ausreichenden Witterungsschutz zu gewährleisten. Der Kompressionsgrad ist definiert als Verhältnis zwischen der vorhandenen Fugenbreite b zur Breite des Fugenbandes im expandierten Zustand B:

$b/B \leq 1/3$

Das bedeutet, daß für eine Fugenbreite von b = 3 mm ein ca. 10 mm breites Fugenband eingebaut werden müßte.

Die Anschlußfuge zwischen dem aufgekanteten Fensterabdeckblech und dem WDVS wird in der Regel ebenfalls mit einem vorkomprimierten Fugendichtungsband abgedichtet. Auch hier gilt, daß der Kompressionsgrad des Fugendichtungsbandes mindestens 1:3 betragen soll. Bei längeren Fensterabdeckblechen, bei denen mit größeren thermisch bedingten Fugenbewegungen in horizontaler Richtung gerechnet werden muß, bietet es sich an, das Fensterabdeckblech gleitend im Aufkantungsprofil einzubinden (Abb. 6.5-2).

Für massive Fensterbänke ist ein möglicher Anschluß an das WDVS in Abb. 6.5-3 dargestellt.

Bei der Ausbildung des WDVS im Fensterbereich ist folgendes zu beachten:

1. Der Unterputz muß im Bereich der Fensteröffnungen eine Diagonalbewehrung entsprechend Abb. 4.4-1 erhalten, damit die schrägverlaufenden Hauptspannungen im Bereich der einspringenden Fensteröffnungen sicher aufgenommen werden können. Bei Fehlen der Diagonalbewehrung entstehen diagonalverlaufende Risse im Putz des WDVS.

2. Die Stirnseiten der Wärmedämmung müssen durch den bewehrten Unterputz abgedeckt sein. Das Fensterabdeckblech mit seinen Aufkantungen kann nicht verhindern, daß der an der Außenwand durch den Wind aufwärts getriebene Schlagregen auch auf die Stirnseite der Wärmedämmung gelangt. Bei Fehlen des Unterputzes auf den Stirnseiten kann der Niederschlag in das WDVS eindringen und zu Loslösungen des Putzes von der Wärmedämmung führen.

6.6   Tropfkanten

Beim Übergang einer vertikalen Außenwandfläche zu einer horizontalen Fläche – z.B. beim Übergang von einer Außenwand zu einer Deckenunterseite (Balkon, Durchfahrt oder ähnlich) – ist eine Tropfkante anzubringen, die das Fließen des Wassers an der Unterseite der Decke verhindert (Abb. 6.6-1). Das »Fließen« des Wassers an der Deckenuntersicht wird durch Windeinwirkung verursacht, wobei die Wassertropfen durch den Wind am Herabfallen gehindert werden.

Im Bereich von Wärmedämm-Verbundsystemen ist eine Profilierung an der Deckenunterseite entsprechend Abb. 6.6-1 kaum realisierbar. Aus diesem Grund werden Lösungen entsprechend Abb. 6.6-2 und Abb. 6.6-3 häufig ausgeführt. Der Nachteil dieser Lösungen besteht darin, daß die Profile aus nichtrostendem Stahl o.ä. sichtbar sind und vielfach als unansehnlich empfunden werden (insbesondere im Balkonbereich). Es kommt hinzu, daß die eingeputzten Profile – insbesondere wenn sie aus Metall bestehen – Wärmebrücken darstellen.

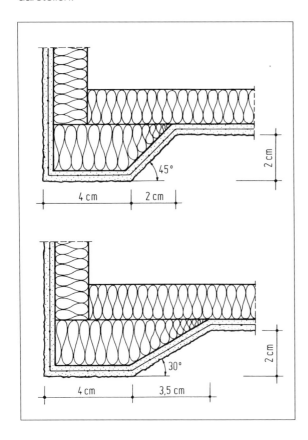

Abb. 6.6-4: Mögliche Ausbildung von Tropfkanten nach Angaben der Firma Stottmeister

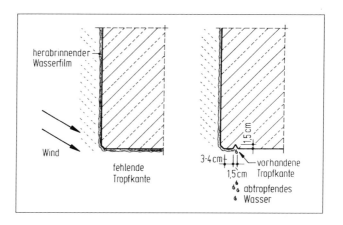

Abb. 6.6-1: Übliche Ausbildung von Tropfkanten

herabrinnender Wasserfilm

Wind

fehlende Tropfkante

3-4 cm
1,5 cm
1,5 cm
vorhandene Tropfkante

abtropfendes Wasser

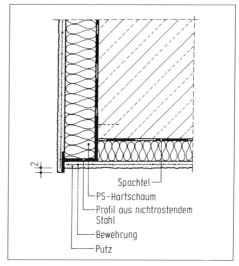

Spachtel
PS-Hartschaum
Profil aus nichtrostendem Stahl
Bewehrung
Putz

Abb. 6.6-2: Tropfkante mit Spezialprofil

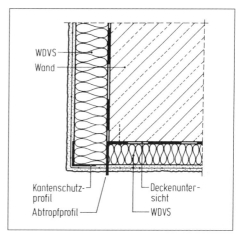

WDVS
Wand

Kantenschutzprofil
Abtropfprofil

Deckenuntersicht
WDVS

Abb. 6.6-3: Tropfkante zurückgesetzt

119

Zur Vermeidung der o.g. Nachteile sind von der Firma Stottmeister die in Abb. 6.6-4 dargestellten Tropfkanten entwickelt worden und im Schlagregenprüfstand der TU Berlin überprüft worden. Selbst bei stärkster Schlagregenbeanspruchung verhielten sich die Tropfkanten einwandfrei: In keinem Fall gelangten Wassertropfen über die Tropfkante hinweg auf die anschließende waagerechte Deckenuntersicht. Die Wassertropfen lösten sich infolge der Schwerkraft von der 40 mm breiten Unterseite der Tropfkante, wobei die Tropfen nicht an einer bestimmten Stelle, sondern mal weiter vorne, mal weiter hinten von der Unterseite der Tropfkante abfielen.

6.7 Durchdringungen

An denjenigen Stellen, an denen ein Wärmedämm-Verbundsystem aus konstruktiven Gründen von anderen Bauteilen durchdrungen wird (Geländer, Lampen, Markisen, Falleitungen der Regenentwässerung o.ä.) sind wirksame Abdichtungsmaßnahmen vorzusehen, damit kein Niederschlag in das WDVS eindringen kann, wobei Frostschäden oder – insbesondere bei WDVS mit Mineralfaserdämmungen – auf lange Sicht Gefügeschäden im Bereich der Wärmedämmung entstehen können.

Weiterhin ist zu beachten, daß im Bereich der Befestigung von durchdringenden Bauteilen Wärmebrücken entstehen können. Es empfiehlt sich deswegen, eine

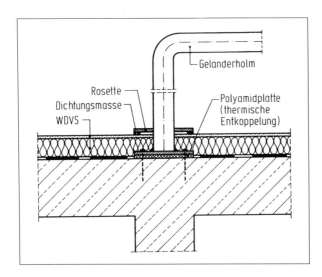

Abb. 6.7-1: Anschluß eines Geländerholms durch das WDVS hindurch. Die thermische Entkoppelung erfolgt durch eine Polyamidplatte oder auch durch einen Hartholzklotz

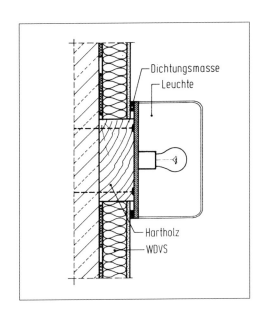

Abb. **6.7-2**: Durchdringung des WDVS im Bereich einer Leuchte (nach Unterlagen der Fa. ispo GmbH)

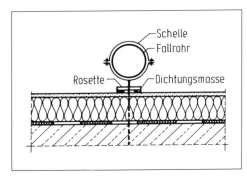

Abb. **6.7-3**: Befestigung eines Fallrohres. – Die punktuelle Wärmebrücke im Bereich der Halterung kann vernachlässigt werden.

»thermisch entkoppelte« Befestigung zu wählen. Für die thermische Entkoppelung haben sich Hartholzplatten und Formkörper aus Polyurethan bewährt; es ist auf einen dichten Anschluß zwischen dem Hartholz bzw. PU-Schaum und der Wärmedämmung zu achten. In den Abbildungen 6.7-1 bis 6.7-3 sind einige Ausführungsbeispiele aufgeführt.

6.8   Begrünte Wärmedämm-Verbundsysteme

Über die Eignung von Kletterpflanzen auf Wärmedämm-Verbundsystemen wird kontrovers diskutiert.

Bei den Kletterpflanzen unterscheidet man zwischen selbstklimmenden Pflanzen und Gerüstkletterpflanzen [44, 45, 46].

a   Selbstklimmende Pflanzen

Bei den selbstklimmenden Pflanzen unterscheidet man weiterhin Wurzelkletterer, wie z.B. den Efeu (*Hedera helix*) und Haftscheibenranker, wie z.B. Wilder Wein (*Parthenocissus tricuspidata*). Bei Efeu (Abb. 6.8-1) bilden sich auf der lichtabgewandten Seite der Triebe Haftwurzeln aus, die auf dem WDVS aufliegen. Die eigentliche Haftung auf dem Putz erfolgt aber durch Wurzelhaare, die sich in Unebenheiten einspreizen. Die Wurzeln können aber auch in Risse des Putzes einwachsen. Das Haften des Efeus auf dem Putz erfolgt also rein mechanisch [44].

Bei den Haftscheibenrankern, deren einzige Vertreter bei uns die Wildweinarten sind, bildet sich zwischen der Haftscheibe der Pflanze und dem Putz ein Haftsekret (vielkettiger Zucker), das zu einer »Verklebung« der Pflanzen auf dem Putz

Abb. 6.8-1: Verankerung von Efeu-wurzeln auf Mückengitter. Die Wurzeln sind aufgrund der guten Feuchtigkeitsversorgung auf dem Gitter zum Teil atypisch lang (Foto: J. Husi, Bern); [45]

Abb. 6.8-2: Junge Haftscheibe von Dreispitzigem Wilden Wein (*Parthenocissus Tricuspidata* »Green Spring«) auf Beton (Foto: C. Althaus, Essen).

Abb. 6.8-3: Jungtrieb von Dreispitzigem Wilden Wein (*Parthenocissus tricuspidata*), der durch die Aufheizung der Wandoberfläche zerstört wurde (Foto: C. Althaus, Essen).

führt (Abb. 6.8-2 und 6.8-3). Zusätzlich zur Verklebung kommt es zu Gewebewucherungen, die sich in feinste Unebenheiten oder Rissen des Putzes verankern.

Nach Untersuchungen von *Althaus* [44, 45] ist das Nichthaften von selbstklimmenden Pflanzen auf folgende Ursachen zurückzuführen (im folgenden wörtlich zitiert):

Wurzelkletterer (Efeu) haften oft nicht an sandenden Untergründen (unzureichende Festigkeit). Problematisch können auch Flächen sein, die südwärts gerichtet unter Sonneneinstrahlung sehr stark aufgeheizt werden. Auf solchen Oberflächen ist die Wurzelhaarbildung behindert und es kommt nicht zum Haftverbund (Abb. 6.8-3). (Anmerkung: Auf den Putzoberflächen von Wärmedämm-

Verbundsystemen sind Oberflächentemperaturen bis zu 60 °C gemessen worden). Da die Haftorgane der Wurzelkletterer negativ phototrop, d.h. weg vom Licht wachsend sind, kann das Klettern auf weißen Wandoberflächen – insbesondere wenn diese sonnenzugewandt sind – unterbleiben. Wie Versuche gezeigt haben, können aber auch bestimmte Beschichtungen das Kletterverhalten positiv oder negativ beeinflussen: So kann sich Efeu nachweislich an reinen Silicatfarben, die gleichzeitig hydrophob ausgerüstet sind, nicht verankern. Doch auch an Silikonharz-Emulsionsfarben kommt es nur zu schwachem Haftverbund mit dem Untergrund. Ideal für Wurzelkletterer sind reine, unbehandelte Silikatfarben.

Ungünstig auf selbstklimmende Begrünung, vor allem auf Wurzelkletterer, können sich bestimmte biozid ausgerüstete Beschichtungen auswirken. Hier kam es im Versuch nicht nur zu Verfärbungen des Laubs, sondern sogar zum teilweisen Absterben der Pflanzen (Abb. 6.8-4 und 6.8-5).

Abb. 6.8-4: Blatt- und Treibschäden an Efeu (*Hedera helix*) durch Kunstharz-Dispersionsfarbe mit algizider und fungizider Langzeitwirkung (Foto: S. Unger, Ostfildern).

Abb. 6.8-5: Haftscheibenbildung von Dreispitzigem Wilden Wein (*Parthenocissus Tricuspidata*) an Kunstharz-Dispersion mit algizider und fungizider Langzeitwirkung. Auffallend ist die Schädigung der Blätter (Foto: S. Unger, Ostfildern).

Zusammenfassend ist festzustellen, daß nach dem heutigen Stand der Erkenntnis selbstklimmende Pflanzen (Efeu, wilder Wein) sich als Begrünung von Außenwänden mit WDVS nicht eignen. Auch die Anordnung von Efeupflanzen auf einem vor dem WDVS angebrachten glasfaserverstärkten Fliegen- oder Mückenschutzgitter als Rankhilfe ist nicht geeignet, weil die Pflanzen aufgrund der lichtfliehenden Eigenschaften ihrer Triebe- und Haftorgane immer wieder den Wandoberflächen zustreben und sich dort zu verankern suchen. Ist der Putz biozid oder fungizid ausgerüstet, so können die Pflanzen Schaden nehmen bzw., soweit der Putz gerissen ist, kann es zu weiteren Schädigungen durch Hineinwachsen von Wurzeln und lichtfliehenden Trieben kommen.

b Gerüstkletterpflanzen

Unter der Bezeichnung Gerüstkletterpflanzen werden Schling- und Windepflanzen, Ranker und Spreizklimmer zusammengefaßt (Abb. 6.8-6).

Schlinger verankern sich durch windende Bewegungen der Triebe an vorzugsweise senkrecht geführten Kletterhilfen. Beispiele für Schlingpflanzen sind Blauregen oder Glycinen.

Ranker entwickeln berührungsempfindliche Greiforgane, die Ranken, mit denen sie sich an geeigneten Kletterhilfen festhalten. Als Beispiel seien die Weinarten (*Vitis*) angeführt.

Spreizklimmer sind keine Kletterpflanzen im engen Sinne. Ihre peitschenartigen Triebe müssen hochgebunden werden. Die Verankerung erfolgt durch abstehende Seitenzweige, Stacheln, Borsten oder Dornen.

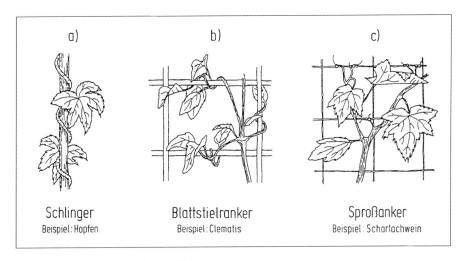

Abb. 6.8-6: Gerüstkletterpflanzen [46]

Abb. 6.8-7: Gerüst-Kletterhilfe an einer dreischichtigen Außenwand des Großtafelbaus. Im unteren Bereich der Außenwand ist die zusätzliche Verankerung der Wetterschutzschicht (Vorsatzschicht) für die Abtragung der Pflanzlasten erkennbar. Die Ausführung der Verankerung ist aus den Abb. 6.8-9 bis 6.8-12 ersichtlich.

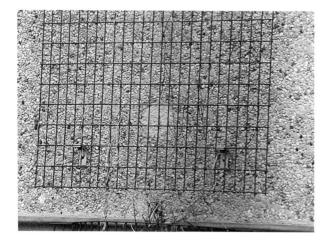

Abb. 6.8-8: Lösbare Befestigung der Gerüst-Kletterhilfe

Die Verwendung von Gerüstkletterpflanzen vor dem Wärmedämm-Verbundsystem bietet den Vorteil, daß sich die Pflanzen in ihrer Ausbreitung auf die mit Kletterhilfen versehenen Flächen beschränken lassen.

Die Kletterhilfen sollen in Konstruktion und Material sowie in der Verarbeitung dauerhaft sein und einen nur geringen Pflegeaufwand erfordern (Abb. 6.8-7). Für den Fall notwendiger Unterhaltungsarbeiten an den Wandoberflächen (Anstrich o.ä.) sind die Rankhilfen zweckmäßigerweise abhängbar zu gestalten (Abb. 6.8-8). Bei Beachtung jeweiliger materialtechnischer Grundregeln können die Kletterhilfen aus Holz, Metall oder Kunststoff gleichermaßen verwendet werden. Hölzer sollten druckimprägniert sein oder mit pflanzenverträglichen Holzschutzmitteln behandelt werden. Nach allen vorliegenden Erfahrungen sind Metallkletterhilfen entgegen anderer Meinung nicht pflanzenschädigend.

Abb. 6.8-9: Kernbohrung durch die Wetterschutzschicht bis in den tragenden Beton und Einführen des Rohrdübels

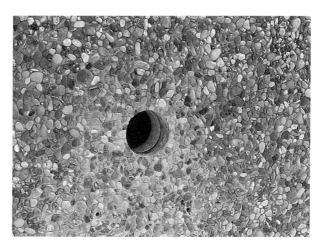

Abb. 6.8-10: Eingeführter Rohrdübel

Abb. 6.8-11: Schließen der Kernbohrung durch Abdeckplatte mit »Ventil«

Abb. 6.8-12: Kraftschlüssiges Verpressen des Loches und des Rohrdübels. Die Oberfläche wird durch Eindrücken von Kieskörnern der übrigen Wandoberfläche weitgehend angeglichen (siehe auch Abb. 6.8-7).

Im Bereich von Großtafelbauten werden die Kletterhilfen in der Regel im Bereich der Vorsatzschicht (Witterungsschutzschicht) verankert. Sollte die tragende Verankerung der Wetterschutzschicht von dreischichtigen Betonwänden nicht in der Lage sein, die Zusatzlasten, die aus der Bepflanzung herrühren, aufzunehmen (vgl. Abschnitt 5.6), so ist die Wetterschutzschicht zusätzlich zu verankern (vgl. Abb. 6.8-9 bis 6.8-12).

In Abb. 6.8-13 sind in einer Übersicht Möglichkeiten für die Ausführung von Gerüstkletterpflanzen aufgeführt [49].

Zusammenfassend läßt sich feststellen, daß bei Außenwänden mit Wärmedämm-Verbundsystemen zur Begrünung nur Gerüstkletterpflanzen verwendet werden sollen. Selbstklimmende Pflanzen sind nach dem derzeitigen Stand der Erkenntnis nicht geeignet.

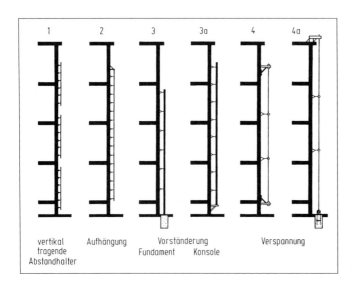

Abb. 6.8-13: Gerüstkletterhilfen [49]

7   Mögliche Schadensbilder bei WDVS

7.1   Übersicht

Entsprechend dem Aufbau bzw. des Bauablaufs bei der Ausführung von Wärmedämm-Verbundsystemen bestehen folgende Schadensmöglichkeiten (Abb. 7.1-1):

a Untergrund
b Verklebung
c Wärmedämmung
d Verdübelung
e Bewehrter Unterputz
f Gewebe
g Deckputz/Schlußbeschichtung
h Keramische Bekleidung

Weitere Schadensmöglichkeiten bestehen dann, wenn die entsprechenden Detailausbildungen fehlerhaft geplant bzw. ausgeführt werden. Auch biozide Mängel (Schimmelpilzwachstum und Algenbildung) sind im Zusammenwirken mit WDVS gerügt worden.

Zu den genannten Schadensmöglichkeiten wird im folgenden Stellung bezogen.

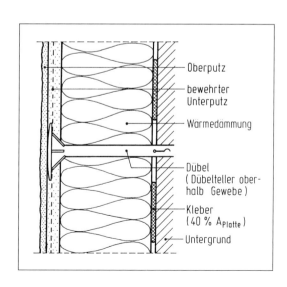

Abb. 7.1-1: Aufbau eines WDVS zum Aufzeigen von Schadensmöglichkeiten

7.2 Untergrund

7.2.1 Staubige bzw. sandende Untergründe

Staubige bzw. sandende Untergründe stellen eine Trennschicht zwischen dem tragenden Untergrund und der Verklebung der Wärmedämmplatten dar. Aus diesem Grund muß der Untergrund zunächst auf seine Festigkeit hin überprüft werden (Haftzugversuch, Kratzprobe) und von losem Staub, Sand bzw. Mörtelresten gereinigt werden (Abb. 7.2-1).

Beim Haftzugversuch wird zunächst auf der zu prüfenden Wandoberfläche ein kreisförmiger Schlitz mit einer Tiefe von ca. 10 bis 20 mm mit einem Kernbohrer

Abb. 7.2-1: Entfernen von Putzresten vor dem Aufbringen des WDVS (Foto: Firma ispo GmbH)

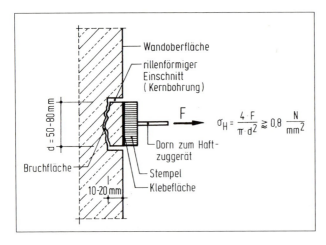

$$\sigma_H = \frac{4 \cdot F}{\pi \cdot d^2} \gtrapprox 0,8 \ \frac{N}{mm^2}$$

Wandoberfläche
rillenförmiger Einschnitt (Kernbohrung)
d = 50–80 mm
Dorn zum Haftzuggerät
Bruchfläche
Stempel
10–20 mm
Klebefläche

Abb. 7.2-2: Prinzipskizze zur Überprüfung der Haftzugfestigkeit des Untergrundes

(Durchmesser 50 bis 80 mm) hergestellt. Auf der freigebohrten Oberfläche wird mit einem schnell abbindenden Kleber ein stählerner Stempel geklebt. Nach hinreichender Aushärtung des Klebers wird der Stempel in ein Prüfzuggerät eingeführt und auf Zug bis zum Bruch des freigeschnittenen Haftgrunds belastet (Abb. 7.2-2).

Die Haftzugfestigkeit des Untergrunds sollte $\geq$ ca. 0,08 N/mm^2 betragen; bei Putzoberflächen sind geringere Haftzugfestigkeiten als zulässig anzusehen, wenn man bedenkt, daß die maximale Windsoglast nur ca. 2 kN/m^2 (entspricht 0,002 N/mm^2) beträgt. Hierbei ist aber zu beachten, daß ein Sicherheitsbeiwert von $\gamma \geq 5$ angebracht ist (Beurteilung der gesamten Wandfläche anhand weniger Stichproben) und daß Zusatzbeanspruchungen durch die Eigenlast sowie durch den thermisch-hygrischen Lastfall entstehen. Als untersten statistisch abgesicherten Haftzugwert kann noch $\sigma_{HZ} \approx 0,05$ N/mm^2 als ausreichend angesehen werden, der dann aber verantwortlich durch einen Sachverständigen unter Würdigung sämtlicher Randbedingungen festgelegt werden soll.

Da die Durchführung von Haftzugprüfungen in statistisch ausreichender Anzahl verhältnismäßig aufwendig ist, werden von »erfahrenen« Sachverständigen häufig auch sogenannte Kratzproben zur Beurteilung der Tragfähigkeit des Untergrundes durchgeführt. Hierbei wird mit einem Schraubendreher leicht über den Untergrund gekratzt. Bei Betonuntergründen sollte der Klang hell sein und es sollten keine tiefen Einritzungen im Beton beim kräftigen Kratzen entstehen. Bei Putzoberflächen sollten ebenfalls keine tieferen Einkerbungen beim kräftigen Kratzen entstehen. Die Beurteilung nach der Kratzprobe liefert keine quantitativ nachvollziehbaren Kriterien und sollte nur von sehr erfahrenen Sachverständigen durchgeführt werden, wobei die Anwendung auf nichtexponierte Gebäude beschränkt bleiben sollte.

7.2.2   Untergrund mit Farbanstrich

Zwischen einem vorhandenen Altanstrich auf dem tragenden Untergrund und dem Kleber für das Anbringen der Wärmedämmplatten kann es zu Wechselwirkungen kommen, so daß die Verklebung Schaden nimmt.

Schadensbild

Im Bereich einer Wohnanlage waren die geputzen Außenwände zum Teil mit einem Farbanstrich versehen. Der Farbanstrich wurde vor dem Aufbringen des WDVS nicht entfernt. Nach dem Aufbringen des WDVS wurden nach ca. einem

Abb. 7.2-3: Fehlender Haftverbund zwischen Kleber und dem mit einem Farbanstrich versehenen Untergrund

halben Jahr Loslösungen der Dämmplatten festgestellt: Beim wiederholten Drücken mit der Hand auf das WDVS wurden federnde Bewegungen festgestellt. Zur Überprüfung des Haftverbundes wurde das WDVS aufgeschnitten (Abb. 7.2-3): Es wurde festgestellt, daß der Haftverbund zwischen dem Kleber und dem mit einem Farbanstrich versehenen Untergrund vollständig aufgehoben war.

Schadensursache

Es kam zu einer Wechselwirkung zwischen dem Kleber und dem Anstrich. Der Anstrich wurde hierbei angelöst und verlor seine Festigkeit.

Schadensvermeidung

Wenn ein Kleber auf einen Anstrich aufgebracht wird, so ist zunächst die Verträglichkeit zwischen Kleber und Altanstrich zu überprüfen. Dies geschieht mit der geschilderten Haftzugprüfung (siehe Abb. 7.2-2). Wenn keine Verträglichkeit zwischen dem Kleber und dem Anstrich vorhanden ist, so muß der Anstrich entweder abgebeizt oder mechanisch entfernt werden.

Schadenssanierung

Im vorliegenden Fall wurde das WDVS über denjenigen Flächen, die mit einem Anstrich versehen waren, entfernt. Anschließend wurde der Anstrich entfernt und neues WDVS aufgebracht.

Eine Sanierung durch nachträgliches Dübeln des WDVS konnte im vorliegenden Fall nicht durchgeführt werden, da die Wärmedämmung aus Mineralfaser-Lamellenplatten bestand.

7.2.3   Nasse Untergründe/Tauwasser

Wenn Untergründe durch langanhaltende Niederschläge bzw. auch aufgrund von Tauwasserbildung derart durchfeuchtet sind, daß die oberflächennahen Poren der Wand mit Wasser gefüllt sind, ist die »Verkrallung« des Klebers in der Porenstruktur der Wand (vgl. Abb. 3.6-8) nicht möglich. Die Wand muß vor dem Aufbringen des Klebers hinreichend abgetrocknet sein.

Auch bei stark hydrophobierten Wandoberflächen kann es zu Störungen im Bereich der Verklebungen kommen, weil der Kleber nicht in die Porenstruktur des tragenden Untergrundes eindringen kann (Abb. 7.2-4).

Abb. 7.2-4: Glattgeschalte, hydrophobierte Betonoberfläche mit unzureichendem Haftverbund zum Kleber (β_{HZ} = 0,05 N/mm²)

7.2.4   WDVS auf Spanplatten

Schadensbild:

Bei einer größeren Wohnbebauung wurde ein WDVS mit Mineralfaserdämm-platten und Leichtputz ausgeführt. Die Außenwände der Gebäude bestanden sowohl aus Spanplatten als auch aus einem sehr dichten, glattgeschalten Beton.

Nach einiger Zeit gab es einen Absturz des WDV-Systems. Das abgestürzte WDVS wurde entfernt und durch eine neue WDV-Konstruktion ersetzt.

Nach einer weiteren Überprüfung der bereits instandgesetzten Konstruktion wurden wiederum Hohllagen bzw. eine unzureichende Verklebung des WDVS mit dem Untergrund festgestellt. Zur Ermittlung der Haftzugfestigkeit des WDVS

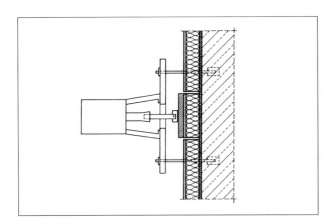

Abb. 7.2-5: Prinzip-skizze zur Überprüfung der Haftzugfestigkeit des WDVS

Abb. 7.2-6: Durchfüh-rung eines Haftzug-versuches an einem WDVS mit einem Haft-zugprüfgerät

am Untergrund wurde an mehreren Stellen das WDVS bis zum Untergrund bzw. bis zur Verklebung eingeschnitten, so daß jeweils eine 20 cm x 20 cm große Versuchsfläche entstand. Auf die so entstandenen Versuchsflächen wurden Lasteinleitungsplatten mit aufgeschraubtem Stahlwinkel aufgeklebt. Mit einem geeichten, servomotorisch gesteuerten Haftzugprüfgerät wurde nach dem Aushärten des Klebers die Probefläche über das Stahlprofil bis zum Bruch belastet (Abb. 7.2-5 und 7.2-6).

Die Prüfgeschwindigkeit betrug 50 N/s. Bei den Untersuchungen wurde festgestellt, daß zum einen der Kleber nicht am Untergrund haftete (Abb. 7.2-7) und zum anderen die Verklebung auf den Dämmstoffplatten nicht mit ausreichendem Flächenanteil erfolgte (Abb. 7.2-8). Zudem war es bereichsweise möglich, mit der Hand unter die Dämmstoffplatten zu fassen bzw. man konnte bereichsweise mit einem Zollstock fast vollflächig eine Dämmstoffplatte unterfahren.

Nur in wenigen Ausnahmen erfolgte die Verklebung vollständig; in diesen Bereichen erfolgte der Bruch bei den Haftzugprüfungen in der Wärmedämmplatte selbst (Abb. 7.2-9).

Abb. 7.2-7: Haftverbund zwischen Spanplatte und Kleber unzureichend

Abb. 7.2-8: Unzureichende Verklebung zwischen der Dämmplatte und dem Untergrund

Abb. 7.2-9: Ordnungsgemäße vollflächige Verklebung. Beim Haftzugversuch trat ein Bruch im Bereich der
Wärmedämmplatte auf

Schadensursache:

Die Schadensursachen im vorliegenden Fall sind folgende:

a) Es besteht zwischen dem Kleber und dem Untergrund keine ausreichende Haftzugfestigkeit.

b) Die aufgetragene Klebefläche ist deutlich zu gering. Entsprechend der bauaufsichtlichen Zulassung hätte die Klebefläche 40 % der Dämmstoffplatte betragen müssen. Ausgeführt wurde eine Klebefläche von i.M. nur ca. 30 % der Dämmstoffplatte.

c) Die Dämmplatten wurden bei der Montage nicht in ausreichendem Maße an den Untergrund angedrückt.

Schadensvermeidung:

Spanplatten werden in den bauaufsichtlichen Zulassungen als tragender Untergrund nicht geregelt. Aus diesem Grunde hätte vor Ausführung der Arbeiten überprüft werden müssen, ob der Kleber im Zusammenwirken mit den Spanplatten geeignet ist.

Im Hinblick darauf, daß es auch Stellen gab, bei denen die Verklebung ordnungsgemäß fest war, kann nicht ausgeschlossen werden, daß die Spanplatten während der Verarbeitung feucht waren, wodurch die Haftzugfestigkeit des Klebers am Untergrund beeinträchtigt worden sein kann.

Bei der Ausführung der Klebearbeiten hätte der ausreichende Kleberauftrag auf der Wärmedämmplatte sichergestellt werden müssen. Es fiel weiterhin auf, daß die auf die Dämmplatten aufgebrachten Klebewülste teilweise nur ungenügend an den Untergrund angedrückt worden sind. Für eine gute Haftung am Untergrund ist nach dem ersten Ansetzen der Platten durch Andrücken und »Einschwimmen« dafür zu sorgen, daß der Kleber in weiten Bereichen innigen Kontakt zum Untergrund erhält. Dies ist an mehreren Stellen nicht in ausreichendem Maße geschehen.

Schadenssanierung:

Um die Standsicherheit des WDVS gegen Windsog auf das geforderte Niveau anzuheben, wurde zunächst geprüft, ob eine nachträgliche Verdübelung des ausgeführten WDVS bis zu dem tragenden Untergrund (Spanplatten) möglich ist. Zunächst wurde festgestellt, daß der ausgeführte Oberputz bereichsweise eine unzureichende Festigkeit aufwies. Dies mag darauf zurückzuführen sein, daß der Putz während der Frostperiode ausgeführt wurde. Es haben sich stellenweise »Eisblumen« auf der Putzoberfläche gebildet.

Vorausaussetzung für eine Verdübelung ist weiterhin, daß sich nicht bereits zu große Hohllagen zwischen den Dämmplatten und dem Untergrund gebildet hatten. Eine nachträgliche Verdübelung solcher Bereiche führt zu einer etwas geringeren Verankerungstiefe der Dübel und es könnte beim Andrücken des von der Wand abstehenden WDVS bei der Verdübelung zu Rißbildungen kommen. Darüberhinaus würden die Erschütterungen beim Einbau von Dübeln in die Spanplatten zu weiteren Schädigungen der ohnehin mangelhaften Verklebung führen. Die Verklebung ist jedoch für die Erhaltung der Funktionstüchtigkeit des Gesamtsystems im Hinblick auf die Rissefreiheit und somit zur Sicherung des Witterungsschutzes zwingend erforderlich. Durch eine nachträgliche Verdübelung wird nur die Windsogsicherheit hergestellt, nicht jedoch die schubfeste Verbindung mit dem Untergrund. Diese Verbindung – in allen bauaufsichtlichen Zulassungen wird deshalb eine Mindesverklebungsfläche von 40 % gefordert – ist zwingend für den Abtrag der Lasten aus Eigengewicht des WDVS und aus hygrothermischer Beanspruchung des WDVS erforderlich.

Es mußte daher der Abriß des gesamten Wärmedämm-Verbundsystems auf den Spanplatten empfohlen werden.

7.3 Kleber

7.3.1 Zu geringer Kleberauftrag

Wärmedämmplatten (mit Ausnahme der Lamellenplatten) sind grundsätzlich in der »Wulst-Punkt-Methode« zu verkleben (Abb. 7.3-1). Entsprechend den allgemeinen bauaufsichtlichen Zulassungen sind mindestens 40 % der Dämmplatte mit Kleber zu versehen. Der Vorteil dieser Methode besteht darin, daß durch das erforderliche Andrücken der Platte in den Klebemörtel Maßabweichungen/Unebenheiten der Außenwand in gewissen Grenzen ausgeglichen werden können und daß mit Sicherheit immer ein hinreichender Anpreßdruck im Bereich des Klebemörtels erzeugt wird.

Wird die Mindestklebefläche nicht eingehalten, so ist die Standsicherheit des Wärmedämm-Verbundsystems gefährdet.

Schadensbild

Ein Einfamilienhaus, dessen Außenwände aus Klinkermauerwerk bestehen, sollte mit einem WDVS bekleidet werden (Abb. 7.3-2).

Abb. 7.3-1: Verklebung nach der »Punkt-Wulst-Methode«. Es sind mindestens 40 % der Dämmplattenfläche mit Kleber zu bestreichen (vgl. Abb. 3.2-2).

Abb. 7.3-2: Einfamilienhaus vor dem Aufbringen des WDVS

Abb. 7.3-3: Nach einem Orkan »weggeflogenes« WDVS (hier im Randbereich).

Abb. 7.3-4: Abgefallene WDVS-Dämmplatten über dem gesamten Giebel. Beeindruckend ist die Regelmäßigkeit der Verklebungsstellen.

Abb. 7.3-5: Bruchbild im Klebestellenbereich der Dämmplatten. Die Dübel weisen keinen Dübelteller auf.

Abb. 7.3-6: Hochhaus nach einem Sturm

Während eines Orkans lösten sich die Wärmedämmplatten im Giebelbereich des Einfamilienhauses und stürzten ab (Abb. 7.3-3 und 7.3-4).

Schadensursache:

Die Mineralfaser-Dämmstoffplatten waren nur punktuell verklebt. Der umlaufende Klebewulst an den Plattenrändern fehlte. Es wurde eine zusätzliche Verdübelung mit Dübeln vorgenommen, die an ihrer Oberseite keinen Tellerkopf aufwiesen, so daß die Dämmstoffplatten nicht ordnungsgemäß gehalten wurden (Abb. 7.3-5).

Schadensvermeidung:

Das WDVS hätte nach den allgemeinen bauaufsichtlichen Zulassungen ausgeführt werden müssen.

Schadenssanierung:

Das WDVS mußte vollständig erneuert werden.

Ein ähnlicher Schaden im Bereich eines Hochhauses ist in den Abb. 7.3-6 und 7.3-7 dargestellt.

Auch hier wurden die Dämmplatten aus Polystyrol nur punktweise befestigt. Eine Verdübelung wurde nicht vorgenommen. Es wurde während der Verarbeitung auch der punktuell aufgebrachte Klebemörtel nicht hinreichend fest angedrückt, so daß ein ausreichender Haftverbund nicht zustande kam. Es ist auf

Abb. 7.3-7: Klebestellen des in Abb. 7.3-6 dargestellten Gebäudes ohne ausreichenden Anpreßdruck

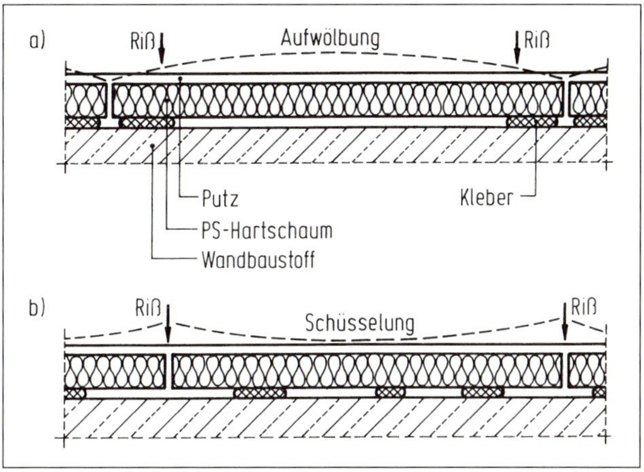

a) Riß Aufwölbung Riß

Putz
PS-Hartschaum
Wandbaustoff
Kleber

b) Riß Schüsselung Riß

Abb. 7.3-8: Verklebungs-
fehler [47]

a) Fehlende Punktverkle-
bung in Plattenmitte
b) Fehlende Wulstverkle-
bung an den Platten-
rändern

Abb. 7.3-9: Risse an den
Dämmplattenstößen auf-
grund einer Verklebung
entsprechend Abb. 7.3-8

jeden Fall sicherzustellen, daß bei der Verklebung nach der »Wulst-Punkt-Methode« in der Mitte der Dämmstoffplatten mindestens zwei Klebepunkte vorhanden sind, um einerseits eine ausreichende Haftzugfestigkeit der Dämmplatten am Untergrund sicherzustellen und um andererseits ein Bombieren der Dämmplatten zu vermeiden, da der Wulst das Aufschüsseln und die Klebepunkte das Bombieren verhindern sollen (Abb. 7.3-8 und 7.3-9).

Wenn während der Verarbeitung der Dämmstoffplatten festgestellt wird, daß eine unzureichende Verklebung vorgenommen wurde, so kann im nachhinein nach einem Verfahren der Firma Loba Bautenschutz, Freiburg/Neckar, eine Verklebung hergestellt werden (Abb. 7.3-10 bis 7.3-13).

Dieses Verfahren eignet sich nach Angaben des Systemanbieters auch bei stark unebenen Untergründen.

Abb. 7.3-10: Federnde Plattenkanten deuten auf falsche Verklebung hin (Foto: Firma Loba Bautenschutz)

Abb. 7.3-11: Besonders an den Plattenstößen wurden die Bohrungen gesetzt, um die nachträgliche Randfestigung zu garantieren (Foto: Firma Loba Bautenschutz)

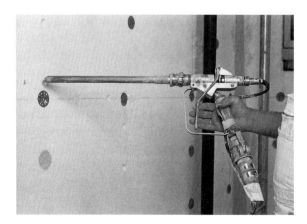

Abb. 7.3-12: Mit einem Spezialrohr wird der mineralische Klebemörtel injiziert (Foto: Firma Loba Bautenschutz)

Abb. 7.3-13: Gleich nach der Verfüllung wird das Bohrloch mit dem Polystyrolstab verschlossen (Foto: Firma Loba Bautenschutz)

7.3.2 Vollflächiger Klebeauftrag bei Mineralfaser-Lamellenplatten

Mineralfaser-Lamellenplatten müssen vollflächig verklebt werden (Abb. 5.4-1). Bei einem vollflächigen Klebeauftrag, der nicht mit einem Kammspachtel aufgezogen wird, besteht die Schwierigkeit, den Kleber so an den Untergrund anzupressen, daß vorhandene Unebenheiten der Wand nicht ausgeglichen werden können. Die Folge sind Versätze an den Stoßfugen der Dämmplatten, die im Regelfall zu Schäden im Bereich des Oberputzes führen können.

7.3.3 Fehlender Anpreßdruck

Soweit die Wärmedämmplatten mit einem aufgezogenen Klebemörtel nicht satt an den Untergrund angedrückt werden, kommt eine ausreichende Verklebung mit dem Untergrund nicht zustande. Die Folge sind Hohllagen und eine Gefährdung der Standsicherheit (vgl. auch Abb. 7.3-7).

7.3.4   Kleber durch Sandzugabe gestreckt

Wird der Kleber durch Sandzugabe gestreckt, so ist seine Quer- und Haftzug-festigkeit beeinträchtigt und die Verklebung nicht wirksam. Die Folge kann eine Gefährdung der Standsicherheit sein. Die im Gebinde angelieferten Klebemörtel dürfen nicht in ihrer Rezeptur auf der Baustelle verändert werden. In selteneren Fällen ist bekannt geworden, daß die Rezeptur des Klebemörtels vom Systemanbieter im nachhinein gegenüber der in der bauaufsichtlichen Zulas-sung zugrunde gelegten Rezeptur verändert worden ist. Es empfiehlt sich, eini-ge Rückstellproben der verwendeten Materialien aufzubewahren, um ggf. die entsprechenden Beweise beibringen zu können.

7.4   Wärmedämmaterial

7.4.1   UV-Schädigung von Polystyrol-Dämmplatten

Sind Polystyrol-Dämmplatten zu lange ungeschützt der Witterung ausgesetzt, so kann die Oberfläche des Polystyrols durch die UV-Strahlung der Sonne in ihren Festigkeitseigenschaften an ihrer Oberfläche beeinträchtigt werden.

Die Haftung des Unterputzes auf der Wärmedämmung wird dann beeinträchtigt.

Die Dämmplatten sollten möglichst umgehend nach ihrer Verlegung mit dem Un-terputz versehen werden. Sind UV-Schäden vorhanden, so müssen die Dämm-platten vor dem Aufbringen des Unterputzes gesäubert werden (Abb. 2.7-2).

7.4.2   Mineralfaserplatten mit unzureichender Querzugfestigkeit

Es sind grundsätzlich nur diejenigen Wärmedämmplatten auf der Baustelle zu verwenden, die von dem Hersteller des Wärmedämm-Verbundsystemes auf-grund der ihm erteilten bauaufsichtlichen Zulassungen angeliefert werden. Keinesfalls dürfen Dämmplatten mit anderen Eigenschaften (Querzugfestigkeit, Hydrophobierung u.ä.) verwendet werden. Eine unzureichende Querzugfestig-keit und eine Durchfeuchtung der Dämmplatten kann zu einem Versagen des Wärmedämm-Verbundsystemes führen.

Schadensbild

An einem Hochhaus in Berlin wurde ein WDVS ausgeführt. Es wurde u.a. festgestellt, daß die verwendeten Mineralfaser-Dämmplatten nicht zu dem ausgeführten WDVS gehörten. Die Dämmplatten waren von geringerer Rohdichte und
wiesen keine ausreichende Querzugfestigkeit auf. An der Traufe waren die Wärmedämmplatten nicht durch einen Putz geschützt (vgl. Abb. 6.4-1). Unter die
Traufabdeckung konnte Wasser eindringen. Durch das eindringende Wasser
verlor die Mineralfaser-Dämmplatte ihre Querzugfestigkeit, so daß der Außenputz sich auf einer Fläche von rund 50 m² von der Wärmedämmung löste und
abstürzte (Abb. 7.4-1 und Abb. 7.4-2). Personenschäden sind nicht entstanden.

Abb. 7.4-1: Abgestürzte Putzfläche bei einem
Hochhaus

Abb. 7.4-2: Schadensstelle

Abb. 7.4-3: Von den Mineralfaserdämmplatten gelöste Putzschicht. Die Bewehrung der Putzschicht ist nicht durch die Dübelteller gehalten

a)

b)

Abb. 7.4-4 a) und b): Durch Regen an ihrer Oberfläche geschädigte Mineralfaserdämmplatte mit unzureichender Querzugfestigkeit

In Abb. 7.4-3 (a und b) ist die von der Wärmedämmung gelöste Putzschicht erkennbar; die Bewehrung im Putz ist nicht durch die Dübelteller gehalten, so daß der Putz großflächig abstürzte. In Abb. 7.4-4 ist die durch den Regen an ihrer Oberfläche hinsichtlich der Haftzugfestigkeit geschädigte Mineralfaserdämmplatte erkennbar.

Schadensursache

Die Schadensursache ist hauptsächlich in der Wahl einer unzureichenden – nicht der bauaufsichtlichen Zulassung entsprechenden – Mineralfaserdämmung zu sehen. Es kommt hinzu, daß im Traufbereich die Dämmplatten nicht regensicher abgedeckt wurden, so daß aufgrund der Durchfeuchtung der Haftverbund zwischen der Dämmplatte und dem Putz aufgehoben wurde.

Schadensvermeidung

Der Schaden hätte vermieden werden können, wenn an der Traufe die Stirnseite der Wärmedämmung durch den Putz geschützt worden wäre und wenn das WDVS entsprechend der allgemeinen bauaufsichtlichen Zulassung ausgeführt worden wäre (keine Mischung der einzelnen Komponenten des WDVS). Der Schaden hätte weiterhin auch minimiert werden können, wenn das Bewehrungsgewebe im Putz vom Dübelteller gefaßt worden wäre. In diesem Fall wäre bei einem Verlust des Haftverbundes nur ein Teil der Putzfläche abgestürzt, weil die restliche Putzfläche durch das Bewehrungsgewebe von den Dübeln gehalten worden wäre.

Schadenssanierung

Es wurde vorgeschlagen, die gesamte Fläche des Hochhauses abzutragen und durch ein neues WDVS zu ersetzen. Weiterhin wurde auf eine regensichere Ausbildung des oberen Randes im Bereich des WDVS gedrungen.

7.4.3 Kreuzfugen

Bei der Verlegung der Wärmedämmplatten ist darauf zu achten, daß diese im Verband angeordnet werden. Dies muß insbesondere auch an den Gebäudekanten erfolgen, weil es bei der Anordnung der Platten mit Kreuzfugen (Abb. 7.4-5 a) zu Versprüngen im Bereich des Kreuzungspunktes kommen

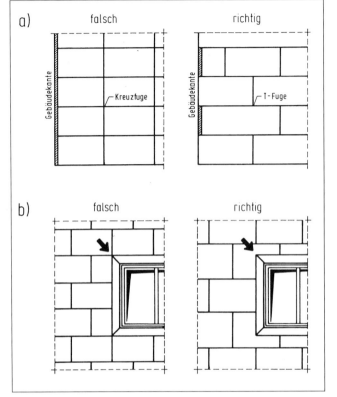

Abb. 7.4-5: Verlegung der Wärmedämmplatten im Verband

a) an Bauwerkskanten [47]
b) im Bereich von Öffnungsixeln [Fa. Elastolith]

kann; Versprünge im Wärmedämm-Verbundsystem bedingen eine Veränderung der Dicke im Bereich des Oberputzes, so daß Rißbildungen nicht ausgeschlossen werden können.

Außerdem sind Stoßfugen im Bereich der Ecken von Öffnungen nicht zulässig (Abb. 7.4-5 b).

7.4.4 Klaffende Stoßfugen

Die Fugen zwischen den einzelnen Wärmedämmplatten sind dicht zu stoßen. Im Bereich offener Stoßfugen kann Putzmörtel in die Fugen eindringen und sowohl zu einer Kerbrißbildung als auch zu zwangsbedingten Rissen führen, die aufgrund der Verformungsbehinderung der Putzschicht entstehen können (Abb. 7.4-6).

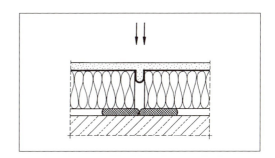

Abb. 7.4-6: Offene Stoßfugen zwischen den Wärmedämmplatten führen zu Rißbildungen im Putz [47]

Abb. 7.4-7: Nicht dicht gestoßene Dämmplatten mit der Folge einer Rißbildung

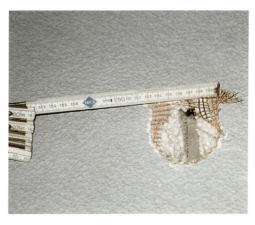

Abb. 7.4-8: Offner Dämmplattenstoß (b = ca. 2 cm)

7.4.5 Höhenversatz im Bereich der Stoßfugen zwischen den Wärmedämmplatten

Ein Höhenversatz im Bereich der Stoßfugen wird im Regelfall durch ein Verziehen der Putzschicht ausgeglichen: Im Bereich des Versatzes wird zwangsläufig die Putzdicke verringert, so daß es an diesen Stellen verstärkt zu einer Rißbildung kommen kann (Abb. 7.4-9). Bei Vorliegen eines Höhenversatzes im Bereich von Polystyrol-Platten muß deswegen vor dem Aufbringen der Putzschicht durch Abschleifen ein weitgehend ebener Untergrund geschaffen werden. Eine praktikable Lösung beim Höhenversatz von Mineralfaser-Platten ist hier nicht bekannt.

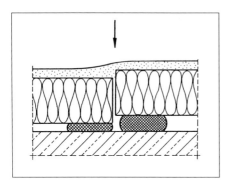

Abb. 7.4-9: Mögliche Rißbildung im Putz infolge eines Höhenversatzes der Dämmplatten [47]

7.5 Dübel

Es dürfen nur Dübel entsprechend den bauaufsichtlichen Zulassungen für das jeweilige WDVS verwendet werden. Es ist insbesondere auf die vorgeschriebene Größe des Dübeltellers zu achten, um nicht die Standsicherheit des WDVS zu gefährden (vgl. Abb. 7.3-5).

Beim Setzen der Dübel ist darauf zu achten, daß der richtige Bohrdurchmesser gewählt wird und daß die Bohrtiefe 1 cm größer ist als die Länge des Dübels. Um einen einwandfreien Halt der Dübel zu gewährleisten, ist der Bohrerverschleiß zu beachten und es ist das Bohrmehl durch Absaugen aus den Bohröffnungen zu entfernen; das Bohrmehl in den Bohrlöchern vermindert den kraftschlüssigen Reibschluß zwischen den Dübeln und der Bohrwandung.

Die Dübelteller sind bündig mit der Dämmplattenoberfläche zu setzen (Abb. 7.5-1), um ein Abzeichnen der Dübelteller im Putz zu vermeiden (Abb. 7.5-2). Bei Dübeln, die das Bewehrungsgewebe umfassen, ist der Deck- bzw. Oberputz entsprechend dick auszuführen und es muß der Putz wirksam hydrophobiert sein.

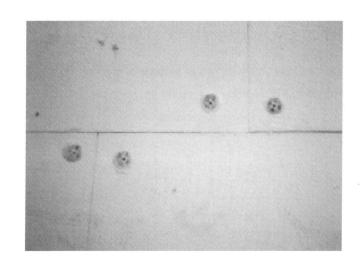

Abb. 7.5-1: Bündig mit der Wärmedämmung gesetzte Dübelteller, wenn auch die Dübelanordnung über die Dämmplattenfläche unzweckmäßig ist

Abb. 7.5-2: Sich abzeichnende Dübelteller. Die Dübelteller wurden nicht bündig mit der Wärmedämmung angeordnet.

7.6 Bewehrter Unterputz

7.6.1 Stoßausbildung des Gewebes (Überlappung des Gewebes)

Das Gewebe im Unterputz hat die Aufgabe, Rißbildungen im Putz zu vermeiden. Dazu ist es erforderlich, daß eine hinreichende Überlappung des Gewebes im Bereich der Stöße vorhanden ist (Überlappung ca. 10 cm). Fehlt diese Überlappung, so können die Zugkräfte von einer Bewehrungsbahn zur anderen Bewehrungsbahn nicht übertragen werden: Die Folge sind Risse.

Es wurde wiederholt beobachtet, daß beim Abrollenlassen der Gewebebahn von der Attika aus es bei leicht schrägen Fixierungen der abrollenden Gewebebahnen im unteren Bereich des Gebäudes zu unzureichenden Überdeckungsbreiten gekommen ist (Abb. 7.6-1 und 7.6-2). – In Abbildung 7.6-3 ist ebenfalls eine fehlende Überlappung der Bewehrungsbahnen dargestellt; hinzu kommt, daß Bewehrungsbahnen unterschiedlichen Fabrikats verwendet wurden.

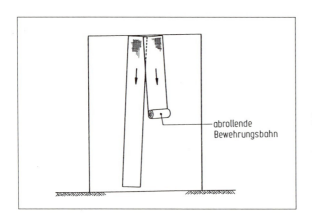

abrollende
Bewehrungsbahn

Abb. 7.6-1: Unzureichende / fehlende Überdeckung der Bewehrungsbahnen aufgrund des Abrollens der Gewebebahn von der Attika aus mit der Folge von Rissen im Putz (nur im unteren Bereich des Gebäudes)

Abb. 7.6-2: Risse im Putz aufgrund der fehlenden Überdeckung zwischen den Bewehrungsbahnen

Abb. 7.6-3: Risse im Putz aufgrund fehlender Überdeckung zwischen den Bewehrungsbahnen; außerdem sind unterschiedliche Bewehrungsbahnen (weiß und gelb) verwendet worden.

7.6.2   Diagonalbewehrung im Bereich von Öffnungen

Im Bereich von Öffnungen entstehen Kerbspannungen. Zur Aufnahme dieser diagonal gerichteten Kerbspannungen ist es zur Vermeidung von Rissen erforderlich, eine Zulagebewehrung (Gewebebahn) anzuordnen. In Abb. 7.6-4 (a, b) ist ein charakteristischer Riß bei fehlender Diagonalbewehrung dargestellt.

In den Abb. 7.6-5 und 7.6-6 ist das Verlegen der Diagonalbewehrung dargestellt, wobei aus Gründen der Übersichtlichkeit die flächige Gewebebewehrung nicht dargestellt wurde. Die flächige Bewehrung wird zusammen mit der Diagonalbewehrung in die untere (erste) Lage des Unterputzes verlegt; anschließend wird die zweite Lage des Unterputzes frisch-in-frisch aufgebracht.

b)

a)

Abb. 7.6-4 a) und b):
Rißbildung aufgrund einer
fehlenden Diagonal-
bewehrung und aufgrund
der fehlenden Ausdeh-
nungsmöglichkeit der
Fensterabdeckbleche

Abb. 7.6-5: Anbringen
der Diagonalbewehrung
in den mit einem Zahn-
spachtel aufgetragenen
Unterputz. Die in der
Wandfläche anzuord-
nende Gewebebeweh-
rung ist nicht dargestellt
(Foto: Firma ispo GmbH).

Abb. 7.6-6: Die in Abb. 7.6-5 dargestellte Diagonalbewehrung nach dem Aufbringen der zweiten Lage des Unterputzes. Die in der Wandfläche anzuordnende Gewebebewehrung ist nicht dargestellt (Foto: Firma ispo GmbH)

7.6.3 Putzüberdeckung des Gewebes

Die im Putz vorhandenen Zugkräfte werden von der Glasgewebebewehrung aufgenommen. Zur Übertragung der im Putz wirkenden Kräfte in die Bewehrung ist ein allseitige Überdeckung des Gewebes mit Putz zwingend erforderlich. Fehlt diese Überdeckung, so können die Zugkräfte nicht vollständig bzw. überhaupt nicht aufgenommen werden: Die Folge sind Risse.

Die notwendige Art zur Sicherstellung eines hinreichenden Verbundes zwischen dem Putz und der Gewebebahn besteht darin, daß zunächst eine erste Lage des Unterputzes auf die Wärmedämmung aufgebracht wird, in die dann das Gewebe eingedrückt wird. Anschließend wird die obere Lage des Unterputzes frisch-in-frisch aufgebracht (Abb. 4.1-1). Wird nicht frisch-in-frisch gearbeitet, so kann es zu einer Trennschichtbildung zwischen den einzelnen Putzlagen kommen.

Weiter ist darauf zu achten, daß das Gewebe ausreichend in den ersten Unterputzauftrag eingearbeitet wird, um eine Trennlagenwirkung auszuschließen (Abb. 7.6-7).

Abb. 7.6-7: Trennschicht zwischen erster und zweiter Lage des Unterputzes im Bereich der Bewehrung

7.6.4 Falten im Gewebe

Soweit das Gewebe nicht satt, straff und faltenfrei in den Putz eingebracht wird, können Zugkräfte nicht vom Gewebe aufgenommen werden. Falten im Gewebe sind vor Aufbringen der zweiten Lage des Unterputzes aufzuschneiden und durch eine Zusatzbewehrung zu sichern.

7.7 Gewebe

Entsprechend den bauaufsichtlichen Zulassungen müssen die Bewehrungsbahnen eine hinreichende Alkaliresistenz aufweisen. Im Rahmen von stichprobenartig durchgeführten Eignungsprüfungen wurde festgestellt, daß die Anforderungen der bauaufsichtlichen Zulassungen nicht immer eingehalten worden sind (vgl. Abb. 2.7-1). Es muß in diesem Zusammenhang auch darauf hingewiesen werden, daß die Funktionsfähigkeit der Bewehrung – insbesondere bei WDVS, die auf Großtafelbauten fugenlos aufgebracht werden – dauerhaft gegeben sein muß, weil dort die Zugfestigkeit des bewehrten Putzes in hohem Maße zur Fugenüberbrückung ausgenutzt wird. Auch bei WDVS mit keramischen Belägen muß die Bewehrung des Unterputzes alkaliresistent sein.

7.8 Deckputz/Schlußbeschichtung

7.8.1 Fehlender Voranstrich/Grundierung

Um einen wirksamen Haftverbund zwischen dem Unterputz und dem Oberputz sicherzustellen, kann es – je nach System – erforderlich sein, einen Voranstrich bzw. einen Grundanstrich auf den Unterputz aufzubringen, um die Haftung der beiden Putzschichten zu verbessern. Diese Maßnahme ist insbesondere dann anzuraten, wenn die Zeitspanne zwischen dem Herstellen der beiden Putzschichten groß ist. Fehlt ein hinreichender Haftverbund zwischen den einzelnen Putzschichten, so kann zunächst Wasser kapillar zwischen die Schichten eindringen und an den Stellen, an denen der Haftverbund unzureichend ist bzw. an den Stellen, an denen der Haftverbund vollständig aufgehoben ist, kann es dann zu einer Ansammlung von Wasser kommen.

Schadensbild:

Bei einem mehrgeschossigen Wohngebäude wurde auf der obersten Dachterrasse ein Notüberlauf unzureichend an die vorhandene Terrassenabdichtung angedichtet (Abb. 7.8-1). An dieser Stelle konnte Wasser von der Terrasse in die Wand eindringen.

In Abb. 7.8-2 sind beulenartige Verformungen des Oberputzes dargestellt. Beim Anstechen der Putzauswölbungen floß Wasser heraus.

In Abb. 7.8-3 ist der mangelhafte Haftverbund zwischen den einzelnen Putzlagen deutlich erkennbar.

Abb. 7.8-1: Gebäude mit WDVS. Der Notüberlauf der Terrasse ist nicht ordnungsgemäß an die Terrassenabdichtung angeschlossen, so daß Niederschlag in die Außenwandkonstruktion eindringen konnte.

Abb. 7.8-2: Ausbeulungen im WDVS zwischen Unter- und Oberputz (vgl. Abb. 7.8-1)

Abb. 7.8-3: Fehlender Haftverbund zwischen Unter- und Oberputz (vgl. Abb. 7.8-1 und 7.8-2)

Schadensursache

Das im Bereich des Notüberlaufes in die Außenwand eindringende Wasser konnte sich aufgrund des mangelhaften Haftverbundes zwischen dem Unterputz und dem Oberputz verbreiten. Das Wasser bewirkte eine Trennung zwischen den einzelnen Putzschichten. Für die Qualität des Oberputzes spricht, daß er in der Lage war, trotz der anstehenden Wassersäule die vorhandenen Zugspannungen aufzunehmen.

Schadensbegrenzung

Es hätte zwischen den beiden Putzschichten vorab ein vom WDVS-Hersteller empfohlener Grundaufstrich zur Verbesserung des Haftverbundes aufgebracht werden müssen.

Schadensbeseitigung

Der Oberputz konnte vollflächig abgetragen werden. Nach Aufbringen eines Grundanstriches wurde ein neuer Oberputz aufgebracht. Von einem ähnlichen Schadensfall berichtet *Schulz* [48]. Im folgenden wird aus [48] zum Teil wörtlich zitiert:

Schadensbild

Auf eine vorhandene Außenwand aus Kalksandstein wurde ein WDVS aufgebracht (Schichten 1 bis 4 in Abb. 7.8-4).

Nach etwa 10 Jahren sollen erhebliche Durchfeuchtungen im Bereich der Außenwand vorgekommen sein. Darauf brachte man eine zusätzliche Beschichtung auf die vorhandene Außenwandkonstruktion auf. Die Beschichtung wurde wie folgt ausgeführt:

- Reinigung der Putzschicht mit Wasser, dem ein fungizider Zusatz beigegeben wurde
- Putzgrund 1/3 wasserverdünnt
- gummielastische Zwischenbeschichtung
- zwei Deckanstriche.

Schon nach einem Jahr entstanden im Bereich der neuen Beschichtung (Schicht 5) Ausbeulungen, die auf der gesamten Außenwand sporadisch verteilt waren und allmählich größer wurden (Abb. 7.8-5).

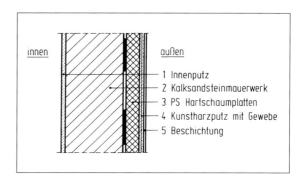

Abb. 7.8-4: Schichtenaufbau einer Außenwand [48]. Die Beschichtung (5) wurde nach ca. 10 Jahren auf den bewehrten Kunstharzputz (4) aufgebracht.

innen | außen

1 Innenputz
2 Kalksandsteinmauerwerk
3 PS Hartschaumplatten
4 Kunstharzputz mit Gewebe
5 Beschichtung

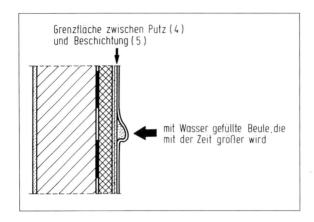

Grenzfläche zwischen Putz (4)
und Beschichtung (5)

mit Wasser gefüllte Beule, die
mit der Zeit größer wird

Abb. 7.8-5: Beulenbildung in dem in Abb. 7.8-4 dargestellten WDVS zwischen den Schichten 4 und 5 [48]

Die Größe der Beschichtungen betrug stellenweise bis zu 0,5 m². Drei Jahre nach der aufgebrachten Beschichtung (Schicht 5) stellte man – trotz sommerlichen Wetters – Wasser in den beutelförmigen Taschen fest. Auch in den Fugen der Dämmplattenstöße zeigte sich Wasser.

Schadensursache

Da sich die Beulen zwischen den beiden Beschichtungen – nämlich zwischen Schicht 4 und 5 gemäß Abb. 7.8-4 – gebildet hatten, vermutete man zunächst, daß die äußere Beschichtung zu dampfdicht sei; eine Untersuchung ergab aber nur eine diffusionsäquivalente Luftschichtdicke von s_d = 0,57 m für die Beschichtung.

Nach dem Glaser-Verfahren errechnet sich damit eine Tauwassermenge im Winter von etwa 90 g/m², welcher eine sommerliche Verdunstungsmenge von ca. 820 g/m² gegenübersteht, so daß der Schichtenaufbau feuchtetechnisch als unbedenklich angesehen werden muß.

Die entscheidende Schadensursache ist vielmehr darin zu sehen, daß die Oberfläche der ursprünglichen Beschichtung bei dem Aufbringen der neuen Schicht 5 nicht oder nicht richtig für die neue Beschichtung vorbereitet worden war. Deshalb haftete die neue Beschichtung nicht ausreichend am Untergrund. Zweitens markierten sich Körner der alten Beschichtung als Pickel in der neuen Beschichtung. Diese hatte man nicht abgestoßen, so daß die neue Beschichtung mit zwar ansonsten ausreichender mittlerer Dicke im Bereich der Körner zu dünn war (Abb. 7.8-6).

Im Bereich der »Fehlstellen« in der neuen Beschichtung (siehe Abb. 7.8-6) konnte Wasser kapillar zwischen der neuen Beschichtung und der alten Beschich-

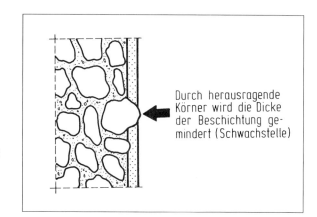

Abb. 7.8-6: Schwachstellen in der Beschichtung (Schicht 4) durch die aus dem Kunstharzputz (4) herausragenden Zuschläge [48] (vgl. Abb. 7.8-4 und 7.8-5)

tung eindringen. Zwischen den Schichten wurde ein dauernd feuchtes Milieu erzeugt, unter dessen Einwirkung der Putzgrund aufquoll und sich ablöste.

Schadensvermeidung

Der Putzuntergrund hätte vor dem Aufbringen der Neubeschichtung wie folgt vorbereitet werden müssen:

– Abstoßen von Putzkörnern
– Aufbringen eines geeigneten Haftvermittlers

Schadenssanierung

Es boten sich drei Sanierungsmöglichkeiten an:

1. Die obere Beschichtung – soweit möglich – beseitigen und eine neue Beschichtung mit eingearbeiteter Bewehrung vorsehen.
2. Das gesamte WDVS erneuern.
3. Die vorhandene mangelhafte Konstruktion wird belassen (man spart damit erhebliche Beseitigungskosten). Ein neues WDVS wird mit ausreichender Dämmschichtdicke und mit Dübeln aufgebracht.

7.8.2 Ausführung des Oberputzes/Deckputzes

Bei der Ausführung des Oberputzes ist darauf zu achten, daß die für das Putzgewerbe maßgeblichen klimatischen Randbedingungen eingehalten werden: Zu

Abb. 7.8-7: Krakeleeartige Risse (Eisblumen) im Putz nach Frostbeanspruchung während der Verarbeitung

Abb. 7.8-8: Sich abzeichnende Dübelteller aufgrund zu geringer Dicke des Oberputzes

hohe Temperaturen führen zu einem zu schnellen Austrocknen und zu Rißbildungen, weil die durch das Schwinden entstehenden Zugspannungen auf einen noch nicht ausreichend erhärteten Oberputz wirken. Auch zu niedrige Temperaturen können zu Schäden führen. In Abb. 7.8-7 sind feine spinnenartige Risse im Oberputz erkennbar (sogenannte Eisblumen), die auf eine Frostbeanspruchung während oder kurz nach der Herstellung des Oberputzes zurückzuführen sind.

Dem Oberputz kommt neben der architektonischen Gestaltung auch die Aufgabe des Witterungsschutzes zu. Aus diesem Grund ist der Oberputz zu hydrophobieren und mit einer ausreichenden Dicke auszuführen. Wenn die Dicke des Oberputzes geringer ist als der maximale Korndurchmesser des Putzes, kann es beim Verreiben dazu kommen, daß Fehlstellen im Oberputz vorhanden sind. In diesem Fall ist es erforderlich, die Dicke des Oberputzes zu vergrößern.

Bei zu geringen Schichtdicken des Oberputzes kann es auch vorkommen, daß die Dübelteller durchscheinen (siehe Abb. 7.8-8). Das Durchscheinen der Dübelteller wird verstärkt nach Regenfällen dann wahrgenommen, wenn die Putzschichtdicken zu gering ausgeführt werden und wenn der Putz darüberhinaus nicht hydrophobiert ist. Im Bereich der Dübelteller trocknen die dann geringeren Dicken der Putzschicht schneller ab im Vergleich zu den übrigen Wandflächen, so daß sich die »trockneren« Stellen im Putz markieren (Abb. 7.8-8).

162

7.9 Keramische Beläge

7.9.1 Unterputz und Ansetzmörtel

Zu den wenigen wissenschaftlich abgesicherten Langzeiterfahrungen an WDVS mit keramischen Bekleidungen gehören die ab 1985 durchgeführten Untersuchungen des Fraunhofer-Instituts für Bauphysik in Holzkirchen. In der Freilandversuchsstelle wurden Untersuchungen an Versuchswänden und einem Versuchshaus vorgenommen. Nach ca. 10 Jahren Standzeit war die keramische Bekleidung an einer nach Westen orientierten Prüfwand großflächig abgefallen (Abb. 7.9-1).

Die Untersuchungen des Fraunhofer-Instituts zeigen deutlich, daß die Feuchte- und Wasseraufnahme maßgebend für die Haftzugfestigkeit des hier gleichsam als Unterputz und Ansetzmörtel verwendeten Leichtmörtels war. Interessant bei diesen Untersuchungen war weiterhin, daß ein zwecks Erzielung höherer thermischer Beanspruchung rot gestrichener Teil der Keramik keine Ablösungen aufwies, obwohl diese rot gestrichene keramische Bekleidung nach Westen ausgerichtet war. Der durch den Anstrich hervorgerufene bessere Regenschutz wirkte sich günstig auf die Haftzugfestigkeit aus. Weiterhin wurde festgestellt, daß die aufgetretene Frostschädigung im Bereich der abgelösten Bekleidungsschicht am stärksten im Bereich der Mörtelfugen auftrat.

Abb. 7.9-1: Großflächige Ablösung keramischer Bekleidungen von einem WDVS aufgrund eines ungeeigneten Unterputzes und Ansetzmörtels (mineralischer Leichtputz) (Foto: H. Künzel)

Die Untersuchungen lassen folgende Rückschlüsse zu:

– Schäden an keramischen Bekleidungen treten ggf. erst nach längerer Standzeit auf (T > 10 Jahre).

– Eine Verbesserung des Regenschutzes erhöht die Dauerhaftigkeit.

– Der Unterputz und der Ansetzmörtel im Bereich der keramischen Bekleidung müssen aus einem tragfähigen und wasserabweisenden Unterputz bestehen; mineralische Leichtputze sind hierfür nicht geeignet.

7.9.2   Fugenmörtel

Die Verfugung keramischer Platten stellt einen Problempunkt in zweierlei Hinsicht dar:

– Zusammensetzung des Fugenmörtels
– Ausführung der Verfugungsarbeiten.

Sowohl der Fugenmörtel als auch der Ansetzmörtel dürfen einen nicht zu hohen Anteil an freiem Kalk enthalten, um »Ausblühungen« dieser Bestandteile zu vermeiden (Abb. 7.9-2).

Bei der Ausführung von keramischen Außenwandbekleidungen gilt, daß diese Arbeit nur von Fliesenlegern ausgeführt werden soll. Da dies in der Praxis leider häufig nicht der Fall ist, zählt die Verfugung zu den anteilig größten Schadensschwerpunkten bei keramischen Außenwandbekleidungen. Eine schlecht ausgeführte Verfugung stellt nicht nur eine optische Beeinträchtigung der Außen-

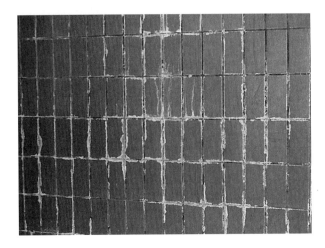

Abb. 7.9-2: Kalkausblühungen infolge eines zu kalkreichen Fugen- und Ansetzmörtels

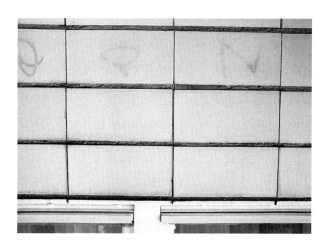

Abb. 7.9-3: Mangelhafte Fugenausbildung (unterschiedliche Fugenbreiten)

wandbekleidung dar, sondern sie gefährdet auch die Dauerhaftigkeit des Gesamtsystems. In Abb. 7.9-3 ist ein WDVS mit einer keramischen Bekleidung und einer mangelhaften Verfugung dargestellt: Die Breite der Fugen ist ungleichmäßig; der Fugenmörtel sandet ab und weist Hohlstellen und Risse auf.

7.9.3 Rißbildung in der keramischen Bekleidung/Anordnung von Dehnungsfugen

Risse in der Bekleidungsschicht folgen häufig dem Fugenverlauf, können aber bei keramischen Materialien geringerer Festigkeit auch durch die Keramik verlaufen. Das in den Abb. 7.9-4a und 7.9-4b dargestellte WDVS mit keramischen Bekleidungen gehört mit dem Ausführungsjahr 1984 zu den ältesten registrierten Wärmedämm-Verbundsystemen dieser Art.

Bei diesen WDVS mit Ziegelriemchenbekleidung wurden keine Dehnungsfugen im Eckbereich des Gebäudes angeordnet. Aufgrund der hier eingesetzten schubsteifen Wärmedämmung aus Polystyrol mit einer Dicke von 50 mm weist das System eine sehr hohe Bettungssteifigkeit auf. Unter hygrothermischer Beanspruchung können somit große Schubspannungen in der Bekleidungsschicht entstehen. Aufgrund der fehlenden Dehnungsfuge im Eckbereich ist durch die Behinderung der Verformung ein durchgehender Trennriß aufgetreten (Abb. 7.9-4a).

Die hier eingesetzten »Winkelriemchen« sind auf Höhe der Massivwand abgeschert worden. An einer anderen Stelle versetzt der Riß und führt durch die Stoß-

Abb. 7.9-4: Riemchenbekleidung auf WDVS

a) Rißbildung infolge des Fehlens von Dehnungsfugen an den vertikalen Gebäudekanten

Abb. 7.9-4: Riemchenbekleidung auf WDVS

b) »Winkelriemchen«
(Detail zu Abb. 7.9-4a)

fugen des Mörtels (Abb. 7.9-4b). Der Einsatz von »Winkelriemchen« ermöglicht den optisch gewünschten Eindruck eines zweischaligen, massiven Wandaufbaus. Bei der Verwendung von Riemchen mit geringer Dicke gilt jedoch noch zwingender als bei einer Vorsatzschicht aus Verblendern, daß Dehnungsfugen im Bereich der Gebäudekanten anzuordnen sind. Die Dehnungsfuge kann wie im Mauerwerksbau in 11,5 cm Abstand von der Gebäudekante angeordnet werden und liegt damit bei einer Dämmstoffdicke von mindestens 80 mm etwa in Höhe der Massivwand.

7.9.4 Keramische Bekleidung auf Mineralfaser-Wärmedämmung

In Abb. 7.9-5 ist die abgelöste Bekleidungsschicht von einer Mineralfaser-Wärmedämmung dargestellt. Bei dem hier vorhandenen Schadensfall lag eine hohe hygrothermische Beanspruchung vor: Über konstruktive Fehlstellen war Feuchtigkeit in die Außenwandkonstruktion eingedrungen. Verursacht wurde der Schaden durch eine unzureichende Beständigkeit der hier verwendeten Mineralfaser-Dämmplatten. Es kam hinzu, daß Dehnungs- und Feldbegrenzungsfugen fehlten, so daß eine hohe Schubbeanspruchung zwischen Bekleidung und Dämmschicht auftrat. Eine Verdübelung durch das Gewebe der Unterputzschicht wurde nicht vorgenommen, so daß sich die komplette Bekleidungsschicht von der Wärmedämmung einschließlich Unterputz ablöste. Es lag eine Gefährdung der Standsicherheit vor.

Der Schaden hätte durch folgende Maßnahmen vermieden werden können:

– Bei Mineralfaser-Dämmplatten muß die Beständigkeit gegenüber einer hygrothermischen Beanspruchung nachgewiesen werden [33]. Es sind Feldbegrenzungsfugen in relativ engen Abständen erforderlich. Mineralfaser-Dämmplatten müssen verklebt werden. Der Unterputz ist durch das Gewebe hindurch mit dem Untergrund zu verdübeln.

– Für WDVS mit keramischen Bekleidungen empfiehlt sich anstelle der normalen Mineralfaser-Dämmplatten die Verwendung von Mineralfaser-Lamellenplatten oder von Polystyrol.

Abb. 7.9-5: Großflächige Ablösung der Bekleidungsschicht von der Mineralfaserdämmung

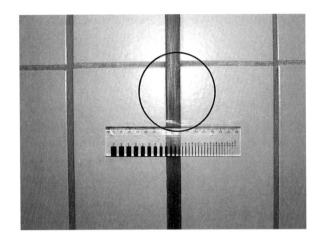

Abb. 7.9-6: Risse in der Dichtungsmasse einer Dehnungsfuge

7.9.5 Ausbildung der Dehnungsfugen

Bei der Verwendung von elastischen Dichtungsmassen nach DIN 18540 treten häufig Risse im Bereich der Dehnungsfugen auf (Abb. 7.9-6).

Die Ausführung der Dehnungsfugen mit Dichtungsmasse ist problembehaftet, weil es relativ schwierig ist, einen ausreichenden Haftverbund sowohl im Bereich der Keramik als auch im Bereich der Mörtelfugen sicherzustellen. Zu hart ausgeführte Dichtungsmassen können bei einer Zugbeanspruchung den Fugenmörtel schädigen. Aus diesem Grunde bietet es sich an, komprimierfähige Schaumbänder zu verwenden. Hierbei ist auf die Einhaltung des Mindestkompressionsgrades zu achten. Der Kompressionsgrad eines Fugenbandes ist durch den Quotienten aus der Fugenbreite zur Breite des Dämmstoffes im nichtkomprimierten Zustand gekennzeichnet. Der erforderliche Kompressionsgrad ist abhängig vom verwendeten Material. Für handelsübliche PU-getränkte Schaumstoffe ist ein Kompressionsgrad von $k \leq 1:3$ empfehlenswert.

7.9.6 Gleichzeitiges Vorhandensein mehrerer Fehler

In Abb. 7.9-7 ist das Zusammenwirken mehrerer Einzelfehler an einem WDVS im Kantenbereich des Gebäudes dargestellt.

– An der Gebäudekante fehlt die Dehnungsfuge. Die Randverformungen des WDVS führen zu Rißbildungen in den Fugen, über die vermehrt Niederschlagswasser eindringen konnte.

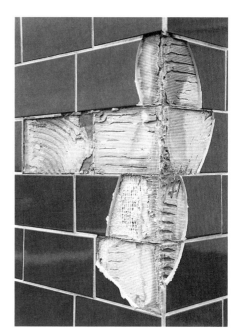

Abb. 7.9-7: Mehrere Fehler im Bereich einer keramischen Bekleidung auf WDVS:

– Fehlende Dehnungsfuge im Bereich der Gebäudekante
– Unzureichender Fugenmörtel (erhöhte Wasseraufnahme)
– Keramik mit ungünstigen Poreneigenschaften (Hafteigenschaften)
– Falsches Ansetzen der Keramik: Nur Floating-Verfahren anstelle Floating-Buttering-Verfahren (siehe Abb. 3.6-9)

– Bei dem hier verwendeten Fugenmörtel handelte es sich um ein Produkt, das hinsichtlich der wasserabweisenden Eigenschaften nicht optimal eingestellt war, d.h., es erfolgte bereits eine nennenswerte Wasseraufnahme des WDVS über die Verfugung.

– Die verwendete keramische Bekleidung wies im Hinblick auf die Anforderungen an die Porengrößenverteilung keine guten Hafteigenschaften auf. Das Adhäsionsverhalten der Keramik am Unterputz war beeinträchtigt.

In Abb. 7.9-7 ist deutlich erkennbar, daß Adhäsionsprobleme vorhanden waren: Die Profilierung der Keramik zeichnet sich geschlossen im Mörtelbett ab. Es wurde nur im Floating-Verfahren die Keramik angesetzt; das vorgeschriebene Floating-Buttering-Verfahren wurde nicht angewendet.

Das fehlerhafte Ansetzen bei gleichzeitiger ungünstiger Materialkombination von Keramik und Dünnbettmörtel führte zu dem Schaden.

7.10 Schimmelpilzvermeidung durch Aufbringen von WDVS

Schadensbild

Bei einem Großtafelbau (Typ WBS 70) wurden die Fensterkonstruktionen ausgetauscht und die Heizkörper mit einem Thermostatventil versehen. In einer Dachgeschoßwohnung im 5. Obergeschoß trat im oberen Wandixel ein Schimmelpilzbefall auf (Abb. 7.10-1), der zuvor nicht vorhanden war. Die Ausbildung der Konstruktion ist in Abb. 7.10-2 dargestellt: Oberhalb der Dachgeschoßwoh-

Abb. 7.10-1: Schimmelpilzbefall im Deckenixel eines Großtafelbaues (Typ WBS 70)

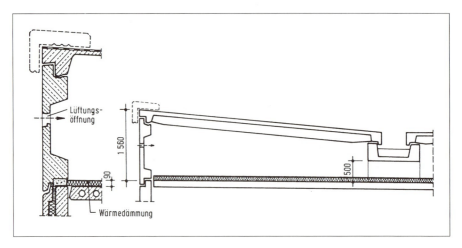

Abb. 7.10-2: Ausbildung des belüfteten Flachdaches. Wärmebrücke im Bereich des Drempelelementauflagers (vgl. Abb. 7.10-1)

nung befindet sich ein belüfteter Dachraum. Auf der Außenwand befindet sich ein Attikaelement, auf dem die Dachplatten aufgelagert sind. Am Übergang der Attika zur Außenwandkonstruktion besteht eine erhebliche Wärmebrücke. Am Wandkreuzungspunkt befindet sich ein vertikaler Ortbetonverguß, der bis in den Dachraum hineinreicht. An dieser Stelle ist auch im Bereich der lotrechten Wandixel eine nach unten reichende Wärmebrücke vorhanden. Der Schimmelpilzbefall in Abb. 7.10-1 zeigt sowohl die Auswirkungen der Wärmebrücken im Bereich des Stoßes zwischen Deckenplatte und Außenwand als auch im Bereich des lotrechten Stoßes zwischen den einzelnen Wänden.

Schadensursachen

In Abb. 7.10-3 ist der Isothermenverlauf im Bereich der Attika dargestellt. Bei der Berechnung der Isothermen wurde abweichend zu DIN 4108 zunächst mit einer minimalen Außenlufttemperatur von –5 °C gerechnet, wobei die Lufttemperatur im Dachraum zu 0 °C angenommen wurde. Die minimale Oberflächentemperatur der Konstruktion beträgt in diesem Fall +11,6 °C und ist entsprechend Abschnitt 2.4 zu gering, um eine Schimmelpilzbildung zu verhindern. Wird entsprechend DIN 4108 von einer Außenlufttemperatur von –15 °C ausgegangen und wiederum eine Lufttemperatur im Drempel von 0 °C angenommen, so beträgt die minimale Oberflächentemperatur im Bereich der Attika nur noch +9,6 °C.

Ob das Schadensbild dadurch verstärkt worden ist, daß neue, »dichte« Fenster nachträglich eingebaut worden sind und daß die Heizung durch ein Thermostatventil gesteuert werden kann, ist mit Sicherheit im nachhinein nicht mehr feststellbar, da die ursprüngliche Qualität der Fenster nicht mehr ermittelt. werden konnte. Dies ist aber im vorliegenden Fall unerheblich, da durch das Aufbringen des WDVS entsprechend Abb. 7.10-4 nachgewiesen wurde, daß keine schädliche Wärmebrücke mehr vorhanden ist: Die nachträglich aufgetretene Schimmelpilzbildung muß also durch ein unzulängliches Nutzerverhalten bedingt sein.

Schadensvermeidung

Der in Abb. 7.10-1 dargestellte Schimmelpilzbefall hätte durch eine nachträgliche Wärmedämmung vermieden werden können. In Abb. 7.10-4 ist das Gebäude mit einem außen aufgebrachten WDVS dargestellt. Für diese Konstruktion ist in Abb. 7.10-5 der Isothermenverlauf dargestellt.

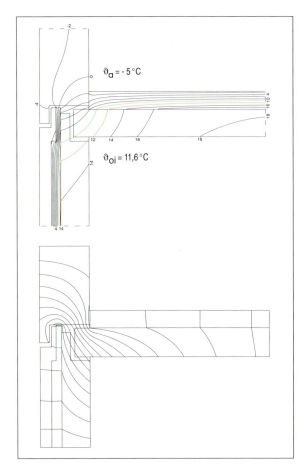

Abb. 7.10-3: Verlauf der Isothermen und der Wärmestromlinien im Bereich des Drempelelementauflagers (siehe Abb. 7.10-2). Minimale Oberflächentemperatur $\vartheta_{oi} = 11,6\ °C$ bei einer Außenlufttemperatur von $\vartheta_a = -5\ °C$.

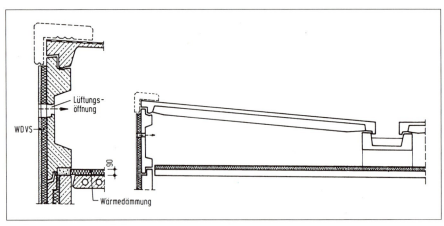

Abb. 7.10-4: Aufbringen eines 80 mm dicken WDVS auf die in Abb. 7.10-2 dargestellte Konstruktion

Abb. 7.10-5: Isothermenverlauf und Verlauf der Wärmestromlinien für die in Abb. 7.10-4 dargestellte Konstruktion bei einer Außenlufttemperatur von $\vartheta_a = -5\ °C$.

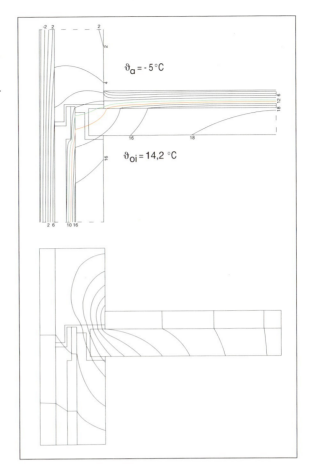

Legt man für den Berliner Raum eine maßgebende Außenlufttemperatur von -5 °C und eine Lufttemperatur von 0 °C im Drempel zugrunde, so beträgt die minimale Oberflächentemperatur +14,3 °C. Auch bei einer entsprechend DIN 4108 angenommenen Außenlufttemperatur von −15 °C sinkt die minimale Oberflächentemperatur nur geringfügig auf +13,4 °C. Es ist damit nachgewiesen, daß durch ein außen aufgebrachtes WDVS die ursprünglich vorhandene konstruktive Wärmebrücke ausgeschaltet werden kann. Zur zusätzlichen Sicherheit wird empfohlen, im Bereich des Überganges von der Dachdecke zum Attikaelement die im Bodenraum vorhandene Wärmedämmung am Attikaelement hochzuführen bzw. durch zusätzliches Einblasen von geflockten Mineralfaserdämmstoffen die Wärmebrückenwirkung weiter zu vermindern. Der dann sich einstellende Temperaturverlauf ist in Abb. 7.10-6 dargestellt.

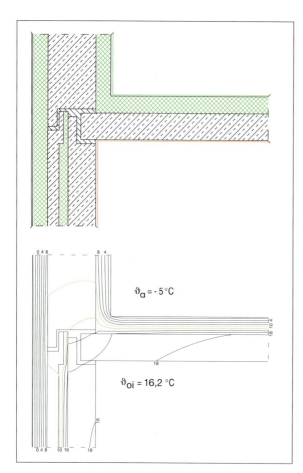

Abb. 7.10-6: Isothermenverlauf für zusätzlich zur Konstruktion nach Abb. 7.10-4 angebrachten Dämmstreifen an der Drempinnenseite

$\vartheta_a = -5\,°C$

$\vartheta_{oi} = 16,2\,°C$

7.11 Algenbildung

Im Abschnitt 2.6 sind die Ursachen der Algenbildung erläutert. Algen wachsen vornehmlich auf feuchten Untergründen. In Abb. 7.11-1 ist eine Algenbildung dargestellt. – Über einen Schaden mit Algenbewuchs wird in [60] berichtet.

Algenbildung kann im wesentlichen dadurch vermieden werden, daß dem Putz Biozide beigefügt werden, die ein Algenwachstum zunächst verhindern. In Anbetracht dessen, daß die Wirksamkeit solcher in den Putz eingebrachten Biozide mit der Zeit nachläßt, müssen auch Möglichkeiten geschaffen werden, um

Abb. 7.11-1: Algenbildung [51] (Foto Blaich)

im Nachhinein Algen von den Putzoberflächen zu entfernen. In [50] werden folgende Sanierungsempfehlungen ausgesprochen, die aber jeweils mit dem Hersteller des zu reinigenden WDVS abgesprochen werden müssen:

1. Bauteile, die nicht gereinigt werden sollen, sorgfältig abdecken
2. Chlorbleichlauge, 1:4 mit Wasser verdünnt, aufstreichen (Metallbauteile sind wirksam zu schützen)
3. mindestens 2 Stunden einwirken lassen
4. mit Wasser oder Dampf abstrahlen und ggf. auffangen
5. fungizide bzw. algizide Mittel aufstreichen
6. Endbeschichtung mit einer algizid und fungizid eingestellten Farbe ausführen.

7.12   Details

7.12.1   Schadhafte Fugenausbildungen

Schadensbild 1

Die horizontale Gleitfuge zwischen dem Ringbalken auf dem Mauerwerk und der darüber angeordneten Dachdecke mit der aufgehenden Attika wurde im Bereich des WDVS elastisch verfugt (Abb. 7.12-1). Der elastische Dichtstoff ließ sich ohne mechanische Hilfsmittel aus der Fuge entfernen; eine Hinterlegung mit Rundschnur und Ausbildung der Fugengeometrie entsprechend DIN 18540 wurde nicht vorgenommen.

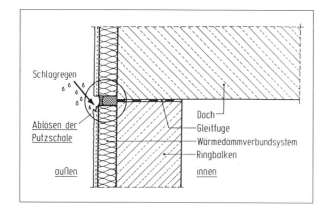

Abb. 7.12-1: Nicht fachgerecht mit Dichtstoff ausgebildete Horizontalfuge im WDVS [52]

Labels in Abb. 7.12-1:
Schlagregen
Ablösen der Putzschale
außen
Dach
Gleitfuge
Wärmedammverbundsystem
Ringbalken
innen

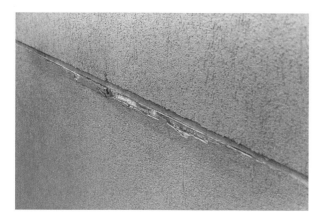

Abb. 7.12-2: Abplatzungen des bewehrten Kunstharzputzes unterhalb der Horizontalfuge [52]

Einige Monate nach Fertigstellung des WDVS traten erste Aufwölbungen und Abplatzungen des Putzes unmittelbar unterhalb der Fugenausbildung auf (Abb. 7.12-2).

Der bewehrte Kunstharzputz auf den Polystyrol-Wärmedämmplatten war nicht an den Stirnseiten der Dämmplatten ausgeführt worden, sondern der Putz endete stumpf an der Fugenabdichtung. Die Flanken des Dichtstoffes stießen zum Teil auf die Kunstharzputzkante und zum Teil unmittelbar gegen die Polystyrol-Wärmedämmung.

Schadensursachen

Ursächlich für das vorgefundene Schadensbild ist eingedrungenes Niederschlagswasser bei Schlagregenbeanspruchung in die Fuge und insbesondere auch hinter die bewehrte Kunstharzputzschicht unterhalb der Fuge. Durch die

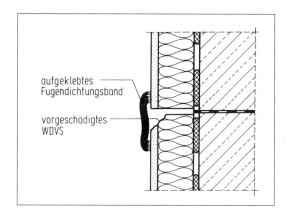

Abb. 7.12-3: Fugenband auf geschädigter Horizontalfuge (vgl. Abb. 7.12-1 und 7.12-2)

aufgeklebtes Fugendichtungsband

vorgeschädigtes WDVS

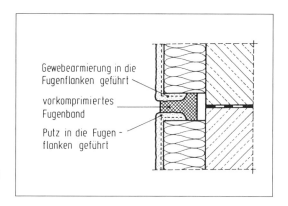

Abb. 7.12-4: Ungeeignete Ausbildung der Gleitfuge zwischen Wand und Dach

Gewebearmierung in die Fugenflanken geführt

vorkomprimiertes Fugenband

Putz in die Fugenflanken geführt

etwas zurückversetzte elastische Fugenabdichtung liegt die Kante der Putzbewehrung frei und ist der Witterung unmittelbar ausgesetzt.

Darüber hinaus stellt die Kante des Putzes und der Polystyrolplatte keinen geeigneten Haftgrund für das Dichtungsmaterial in der Fuge dar, so daß Niederschlagswasser auch zwischen Dichtstoff und Fugenflanke eindringen konnte und es zwischen Polystyroldämmplatte und Kunstharzputz zu einem extremen Abbau der Haftzugfestigkeit kam.

Schadenssanierung

Im vorliegenden Fall ist eine einwandfreie Instandsetzung der geschädigten Fuge nur dadurch zu erreichen, daß ein Fugenabdichtungsband auf das WDVS geklebt wird. Durch das relativ breite Fugenband, das erforderlich ist, um die geschädigten Bereiche des Putzes zu überdecken, wird die Gesamtansicht des Gebäudes in hohem Maße beeinträchtigt (Abb. 7.12-3).

177

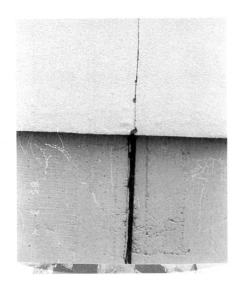

Abb. 7.12-5: Rißbildung im Putz des WDV-
Systems über einer nicht beachteten Gebäudedehnfuge

Schadensvermeidung

Fugen in WDVS sind zu planen und es sind entsprechende Angaben dem Aus-
zuführenden zu machen. Neben der in Abb. 7.12-3 dargestellten Fugenabdichtung könnte auch eine Abdichtung entsprechend Abb. 6.2-1 gewählt werden.

Die in der Literatur häufig aufgeführte Abdichtung entsprechend Abb. 7.12-4 ist
aus ausführungstechnischer Sicht als nicht besonders praktikabel anzusehen,
weil das Herumführen des bewehrten Putzes auf die Stirnseiten der oberen bzw.
unteren Wärmedämmplatten schwer realisiert werden kann.

Schadensfall 2

Die vertikale Gebäudedehnfuge wurde nicht im WDV-System aufgenommen.
Relativverformungen zwischen den Gebäudeteilen führten im fugennahen Bereich des darüberliegenden WDVS zu Rißbildung (Abb. 7.12-5).

7.12.2   Fenstersohlbleche

Fensterbankanschlüsse werden häufig auch ohne Unterschnitt lediglich mit
Dichtstoff an das angrenzende WDVS angeschlossen. Im vorliegenden Fall wurde ein Fensterblech stumpf gegen ein WDVS mit einem Kunstharzputz gestoßen
und mit elastischem Dichtstoff angearbeitet (Abb. 7.12-6).

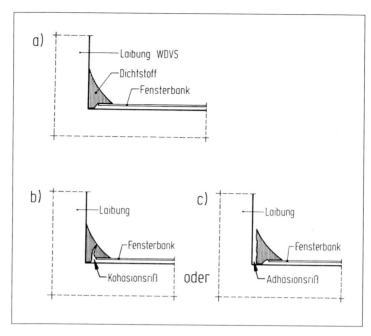

Abb. 7.12-6: Schadensverlauf bei Beanspruchung der Fuge zwischen WDVS und Fensterabdeckblech [52]

a Ausgangssituation. Dreiflankenhaftung der Dichtungsmasse
b Kohäsionsbruch
c Adhäsionsbruch

Eine Aufkantung des Fensterbleches und eine planmäßig ausgebildete Fugengeometrie wurde nicht ausgeführt. Der Dichtstoff wies vereinzelte Kohäsionsrisse auf (Abb. 7.12-6 b) bzw. hatte sich auch von dem angrenzenden WDVS gelöst (Adhäsionsbruch, Abb. 7.12-6 c).

Schadensursache

Ursache für das vorgefundene Schadensbild ist die behinderte freie Dehnung des Dichtstoffes.

Schadenssanierung

Die Abdichtung mit elastischem Dichtstoff erfordert in jedem Fall eine ausgebildete freie Dehnmöglichkeit. Die hierfür erforderliche Fugengeometrie kann z.B. durch Anordnen einer Schaumstoffrundschnur in der Ecke zwischen dem WDVS und der Fensterbank geschaffen werden. Eine derartige Ausführung ist

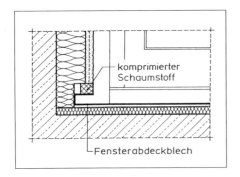

Abb. 7.12-7: Fugenausbildung zwischen Fensterbank und WDVS

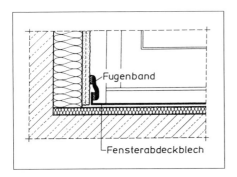

Abb. 7.12-8: Fensterblechanschluß mit einem dauerelastischen Fugenband

jedoch im Fensterbankanschlußbereich handwerklich kaum praktikabel. Ist die nachträgliche Herstellung eines Unterschnittes und der Austausch des Fensterbleches durch ein Blech mit entsprechenden Aufkantungen z.B. entsprechend Abb. 7.12-7 technisch nicht möglich oder wirtschaftlich nicht vertretbar, so bleibt als Instandsetzungsmaßnahme nur die Abdichtung mit einem elastischen Fugenband entsprechend Abb. 7.12-8.

7.12.3 Blendrahmenanschlüsse

Schadensbild

Bei einem direkten Anputzen an Blendrahmen o.ä. besteht die Gefahr einer unkontrollierten Rißbildung im Putzsystem des WDVS (vgl. Abb. 7.12-9).

Wenn keine weiteren Abdichtungsmaßnahmen – wie z.B. das Hinterlegen mit einem komprimierten Dichtungsband (vgl. Abb. 6.5-1) getroffen werden, besteht neben der optischen Beeinträchtigung die Gefahr der Hinterläufigkeit und damit eine Einschränkung der Dauerhaftigkeit.

180

Abb. 7.12-9: Unkontrollierte Rißbildung infolge des direkten Anputzens an den Blendrahmen

Schadensvermeidung

Die Anschlüsse an Blendrahmen etc. sind entsprechend Abschnitt 6.5 auszuführen. Durch die Ausführung eines Kellenschnitts wird eine unkontrollierte Rißbildung verhindert.

7.12.3 Attikaausbildung

Schadensbild

Bei dem in Abb. 7.4-2 ff dargestellten Schadensfall wurde die Attika entsprechend Abb. 7.12-10 ausgeführt. Es fehlte der Putz auf der oberseitigen Stirnseite der Mineralfaser-Wärmedämmung. Es kam hinzu, daß die Überdeckung des WDVS durch das Traufblech mit 3 bis 5 cm bei dem hier vorliegenden Hochhaus unzureichend gewählt wurde.

Schadensursache

Die Ursache für das Abstürzen des Putzes lag u.a. darin, daß die Attikaausbildung unzureichend ausgebildet wurde: Es konnte aufgrund der unzureichenden

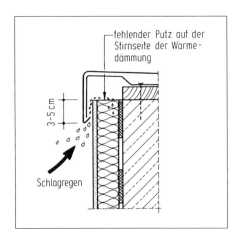

fehlender Putz auf der
Stirnseite der Wärme-
dämmung

3-5 cm

Schlagregen

Abb. 7.12-10: Attikaausbildung bei dem in Abb. 7.4-1 dargestellten Schadensfall. Schlagregen kann auf die obere Stirnseite der Wärmedämmung gelangen

Überdeckung des Attikaabdeckbleches Wasser in die ungeschützte oberseitige Stirnfläche der Mineralfaserdämmung eindringen. Die Folge war ein Verlust der Haftzugfestigkeit zwischen Putz und Mineralfaserdämmung.

Schadenssanierung

Das gesamte WDVS wurde abgetragen und durch ein neues WDVS ersetzt.

Schadensvermeidung

Der Schaden hätte bei einer ordnungsgemäßen Detailausbildung vermieden werden können (obere Stirnseite verputzen, Überdeckung des Attikaabdeckbleches über das WDVS mit H > 10 cm; vgl. Abb. 6.4-1).

7.12.4   Sockelausbildung

Schadensbild

Im Bereich einer Feuerwehrzufahrt wurde der aus Pflastersteinen bestehende Fahrbahnbelag bis dicht an das WDVS herangeführt. Der Sockelputz wurde auf eine Perimeterdämmung aufgetragen. Der Sockelputz war gegenüber dem in den Obergeschossen befindlichen WDVS zurückgesetzt. Die Abdichtung der Kelleraußenwand erfolgte unterhalb der Perimeterdämmung und wurde bis Oberkante Sockel – ca. 30 cm über Oberkante Fahrbahnbelag – hochgeführt. Der Sockelputz, der ca. 15 cm unter Oberfläche Fahrbahnbelag in das Erdreich

Abb. 7.12-11: Durchfeuch-
teter Sockelputz

heruntergeführt wurde, war nicht durch eine Abdichtung gegen Feuchtigkeit geschützt. Der Fahrbahnbelag war aufgrund einer unzureichenden Ausführung
»wellenförmig«: Es konnte sich in den Mulden Stauwasser bilden.

Bereits nach ca. einem halben Jahr wies der Sockelputz Durchfeuchtungen
dicht über dem Fahrbahnbelag auf (Abb. 7.12-11).

Schadensursache

Der mineralische Putz auf der Perimeterdämmung ist als feuchtempfindlich zu
bewerten. Auch wenn der Putz ordnungsgemäß hydrophob (wasserabweisend)
ausgerüstet ist, ist ein kapillarer Wassertransport nicht völlig auszuschließen.

Der Außenputz ist – soweit er unter Oberkante Fahrbahnbelag – heruntergeführt
wird, durch eine Abdichtung gegen Stauwasser zu schützen. Diese Abdichtung
fehlt im vorliegenden Fall.

Aufgrund der Kürze der Standzeit des ausgeführten WDVS sind noch keine
besonderen Beeinträchtigungen des WDVS aufgrund von Stoßeinwirkungen zu
verzeichnen gewesen. Im vorliegenden Fall muß aber eine besondere Stoßfestigkeit des Sockelputzes gegeben sein.

Schadenssanierung

Um das Abtragen des vorhandenen Sockelputzes zu vermeiden und um eine
ausreichende Stoßfestigkeit zu erzielen, wurde im Sockelbereich eine Aluminiumplatte vor den Sockelputz vollflächig angedübelt. Die Aluminiumplatte war an
ihrer Oberseite abgekantet. Die zwischen dem alten Sockelputz und der Alumi-

niumplatte gebildete Abkantung wurde mit elastischer Dichtungsmasse geschlossen. Der Abstand der Dübel zur Befestigung der Aluminiumplatte wurde entsprechend den Flachdachrichtlinien gewählt. Im unteren Bereich der Aluminiumplatte wurde nur im Bereich der Stöße eine Dübelbefestigung angeordnet.

Schadensvermeidung

Wenn eine besondere Stoßbelastung im Bereich des Sockels auszuschließen ist (z.B. Vorgärten mit dichter Bepflanzung), so können im Sockelbereich geputzte WDVS ausgeführt werden. Es wird jedoch empfohlen, zumindest für den Sockelbereich einen weitgehend feuchteunempfindlichen Putz zu verwenden. Es können z.B. siliconharzgebundene Putze verwendet werden, die dann auch ohne eine besondere Abdichtung in das Erdreich hineinragen können.

Zusätzlich sollte ein Kiesstreifen entsprechend Abb. 6.3-3 angeordnet werden.

Soweit eine Stoßgefährdung im Sockelbereich vorliegt, wird empfohlen, eine entsprechend stoßfeste Platte vor der Wärmedämmung im Sockelbereich anzuordnen (vgl. Abb. 6.3-4).

Das Aufbringen einer Putzschicht direkt auf die bituminöse Abdichtung der Kelleraußenwand ist problembehaftet (Abb. 7.12-12).

Es muß in diesem Fall auf die bituminöse Abdichtung ein Putzträger (Drahtgewebe) aufgebracht werden. Als Putz sollte in diesem Fall auch nur ein Siliconharzputz verwendet werden.

Abb. 7.12-12: Abgefallener Zementputz auf einer bituminösen Abdichtung

7.12.5   Stoßfestigkeit

Schadensbild

Im Bereich des Erdgeschosses war großflächig das WDVS durch Vandalismus zerstört worden (Abb. 7.12-13).

Auch im Bereich der vertikalen Gebäudekanten war das WDVS durch Stoßeinwirkung beschädigt worden. Im Bereich der Gebäudekanten hatte man versucht, durch eine Eckbewehrung mit einem sogenannten »Panzergewebe« eine hinreichende Stoßfestigkeit zu erzielen. Diese Maßnahme war jedoch, wie aus Abb. 7.12-14 hervorgeht, ohne Erfolg.

Schadensursache

Im Bereich des Erdgeschosses sind stoßfeste WDVS auszuführen. Die Stoßfestigkeit der WDVS wird entsprechend den EOTA-Richtlinien geprüft (vgl. Abschnitt 2.2). In der Ausschreibung war kein Hinweis auf die geforderte Stoßfestigkeit aufgeführt. Auch das ausführende Unternehmen hat den Planer nicht auf die Erfordernis eines besonders stoßfesten WDVS hingewiesen. Das WDVS war in vielen Bereichen flächig durch spielende Kinder, angelehnte Fahrräder u.ä. beschädigt.

Abb. 7.12-13: Durch Vandalismus zerstörtes WDVS

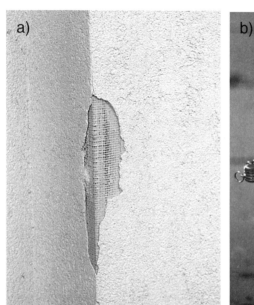

Abb. 7.12-14: Durch Stoßeinwirkung beschädigte Gebäudekanten

Abb. 7.12-15: Stoßsicherung einer Gebäudekante im Eingangsbereich durch ein vorge-
stelltes Stahlrohr!

Schadensbeseitigung

Im vorliegenden Fall wurde im Bereich des Erdgeschosses eine zusätzliche dicke, doppelt bewehrte Putzschicht vorgeschlagen. Der Überstand zwischen dem Erdgeschoß und dem darüberliegenden Wohngeschossen im Bereich des WDVS sollte durch einen Fries aufgenommen werden.

Im Bereich der Stoßkanten sind Eckprofile aus Metall zur Stoßsicherung gegenüber Winkelprofilen aus Gewebe zu bevorzugen. Im vorliegenden Fall wurden in manchen Bereichen – soweit architektonisch vertretbar – die Ecken durch vorgestellte Stahlstützen gesichert (Abb. 7.12-15).

Schadensvermeidung

Es gehört zum Umfang eines jeden Leistungsverzeichnisses, Angaben bezüglich der erforderlichen Stoßfestigkeit zu machen. Als Anhalt für die geforderte Stoßfestigkeit kann die EOTA-Richtlinie für WDVS dienen (vgl. Abschnitt 2.2). – Die Stoßfestigkeit kann in besonders hoch beanspruchten Gebäudebereichen z.B. dadurch erreicht werden, daß in diesen Bereichen eine Fibersilicatplatte aufgebracht wird. Um einen Dickenversprung zwischen dem stoßfesten WDVS und den Nachbarbereichen zu vermeiden, ist in den Bereichen, in denen die Fibersilicatplatte vorgesehen wird, die Dicke der Wärmedämmung des WDVS entsprechend zu verringern. Es wird weiterhin empfohlen, zusätzlich zu der üblichen Bewehrung des Putzes die Stöße zwischen den Fibersilicatplatten durch einen zusätzlichen Bewehrungsstreifen zu sichern.

Eine andere Möglichkeit zur Erhöhung der Stoßfestigkeit besteht darin, daß der Putz auf Zementbasis mit Glasfaserbewehrung aufgespritzt wird. Solche Putze weisen eine sehr hohe Stoßfestigkeit auf und sind durch eine besonders hohe Duktilität gekennzeichnet, so daß auch punktuelle Stoßbelastungen durch spitze Körper nicht zu einem besonderen Schadensbild führen.

7.12.6   Durchdringungen

Schadensbild

In Abb. 7.12-16 ist die Befestigung eines Regenfallrohres dargestellt. In diesem Fall fehlt die Abdichtung im Bereich der Durchdringung des WDVS. Schäden sind im vorliegenden Fall zwar noch nicht aufgetreten, jedoch wurde seitens des Bauherrn eine mangelhafte Ausführung gerügt.

Abb. 7.12-16: Unzureichende Befestigung eines Regenfallrohres ohne Abdichtung der Befestigungsstelle

Abb. 7.12-17: Abdichtung des Bolzens für ein Geländer im Bereich eines WDVS

Schadensursache

Aufgrund dessen, daß mit Sicherheit langfristig das Eindringen von Schlagregen in das WDVS nicht vollkommen ausgeschlossen werden kann, mußte eine zusätzliche Sicherungsmaßnahme vorgenommen werden.

Schadensbeseitigung

Es wurde vorgeschlagen, eine zweigeteilte, gelochte Scheibe auf den Befestigungsbolzen mit Dichtungsmasse anzubringen, so daß die gelochte Scheibe den Bolzen umschließt.

Schadensvermeidung

Im Rahmen des Leistungsverzeichnisses muß bei der Ausschreibung auf die notwendigen Detailausbildungen hingewiesen werden. Dies kann z.B. pauschal auch dadurch geschehen, daß auf die Detailausbildungen des WDVS-Herstellers verwiesen wird.

In Abb. 7.12-17 ist beispielhaft die Abdichtung für den Befestigungsbolzen eines Geländers dargestellt.

7.12.7   Brandschutz

Schadensbild

Bei einem mehrgeschossigen Wohngebäude trat im zweiten Obergeschoß ein Brand auf. Die Flammen schlugen aus dem Fenster des Wohnzimmers heraus (Abb. 7.12-18).

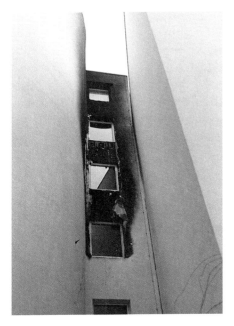 

Abb. 7.12-18: Brandbeanspruchung bei einem mehrgeschossigen Wohnhaus

Abb. 7.12-19: Die aus Polystyrol bestehende Wärmedämmung ist unter der Putzschicht über mehrere Geschosse hinweg unter der Brandeinwirkung weggeschmolzen (Kaminwirkung)

Nach der Beendigung des Brandes wurde das WDVS bereichsweise entfernt (Abb. 7.12-19).

Hierbei wurde festgestellt, daß die aus Polystyroldämmplatten bestehende Wärmedämmung in weiten Bereichen nicht mehr vorhanden war: sie war weggeschmolzen. Unabhängig davon war der Putz jedoch weitgehend intakt. Er wurde durch die Dübel im Abstand zur Wand gehalten, ohne daß der Putz durch die Wärmedämmung gestützt war.

Schadensursache

In Abschnitt 2.3 ist ausgeführt, daß zur Vermeidung der Brandausbreitung bei Dämmstoffen aus Polystyrol mit einer Dicke $d \geq 100$ mm über den Fensterstürzen eine Wärmedämmung aus nichtbrennbaren Materialien (Mineralfaserdämmstoffe) anzuordnen ist. Diese Regelung wurde im vorliegenden Fall nicht beachtet.

Schadenssanierung

Das geschädigte WDVS wurde entfernt und durch ein neues WDVS mit nichtbrennbaren Dämmstoffen ersetzt.

Schadensvermeidung

Es hätte die Regelung entsprechend den allgemeinen bauaufsichtlichen Zulassungen beachtet werden müssen, wonach bei brennbaren Dämmstoffen mit einer Dicke von mehr als 100 mm über den Fensteröffnungen die Dämmstoffe aus nichtbrennbaren Materialien eingebaut werden müssen.

7.13 »Atmungsaktivität« der Außenwände mit WDVS

7.13.1 Problemstellung

Bei der Bekleidung von Außenwänden mit WDV-Systemen wird häufig die Behauptung aufgestellt, daß die »Atmungsaktivität" der Wände nachträglich beeinträchtigt werden würde, wodurch gesundheitliche Schäden nicht auszuschließen seien.

Dieser Behauptung muß entschieden entgegen getreten werden.

7.13.2 Luftdurchgang durch Außenwände nach von Pettenkofer

Zum Thema der »Atmungsfähigkeit« hat sich Künzel umfassend und grundlegend geäußert [56 bis 58]. Im folgenden werden die dort getroffenen Aussagen zusammenfassend wiedergegeben.

Im letzten Jahrhundert gewannen hygienische Aufgaben aufgrund der Industrialisierung und der größeren Wohndichte zunehmend an Bedeutung. Max von Pettenkofer (1818 – 1901) war einer der führenden und erfolgreichsten Hygieniker seiner Zeit. Seine Bemühungen galten u.a. auch der Verbesserung der Luftqualität. Dabei führte Pettenkofer erstmals Luftwechselmessungen mit Kohlendioxyd als Indikatorgas durch. Bei seinen Untersuchungen variierte von Pettenkofer in einem Raum die »Luftdichtigkeit« der Fugen an Fenstern und Türen, wobei er allerdings den Luftaustausch durch den Kamin unberücksichtigt ließ (vgl. Tabelle 7.13-1 [57]; Zeile A und C).

Aufgrund des in Tabelle 7.13-1 ermittelten Ergebnisses, wonach bei abgedichteten Fugen im Vergleich zu üblicherweise ausgebildeten Fugen ein geringerer Luftwechsel vorhanden ist, schloß von Pettenkofer, daß durch die Außenwände ein Luftaustausch stattfinden müsse.

Tab. 7.13-1: Ermittlung der Luftwechselzahlen nach von Pettenkofer [57]

	Randbedingungen	Temperatur-differenz $\vartheta_i - \vartheta_a$ [K]	Luftwechsel-zahl [h^{-1}]
A	Zimmerofen nicht in Betrieb; Fenster und Türen normal geschlossen	19	1
B	Fenster und Türen geschlossen; "lebhaftes Feuer" im Ofen, Kaminklappe und Ofentüre offen	19	1,25
C	wie A, jedoch alle Fugen an Fenstern und Türen einschließlich Schlüssellöcher mit "starkem Papier und Kleister verklebt"	19	0,72
D	wie A	4	0,3
E	1 Fensterflügel offen	4	0,5

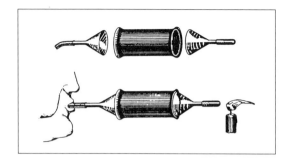

Abb. 7.13-1: Darstellung des
»Kerzenversuchs« nach einer
Veröffentlichung von Max von
Pettenkofer [55]

Bestätigt fand von Pettenkofer seine Hypothese durch den in Abb. 7.13-1 dargestellten Versuch. Beim Erzeugen eines Luftüberdruckes auf einer Seite einer Probe aus Luftkalk bzw. Ziegel konnte auf der abgewandten Seite aufgrund des durchtretenden Luftstromes eine Kerze ausgeblasen werden. – Der Versuch konnte bei dichten Steinen (Natursteinen) nicht mit dem gleichen Ergebnis wiederholt werden; auch ließ sich der Versuch bei durchfeuchteten Mörtelproben nicht wiederholen, so daß von Pettenkofer folgerte, daß durchfeuchtete Wände nicht atmungsaktiv seien.

Während der in Abb. 7.13-1 dargestellte Versuch von Künzel nachvollzogen werden konnte – allerdings nur dann, wenn der Luftüberdruck »einige hundertmal größer war als der an Außenwänden überlicherweise vorhandene Staudruck«, gelang es an der TU Berlin nicht, durch Ziegelsteine (ρ = 1800 kg/m^3) bzw. durch Kalksandvollsteine (ρ = 1800 kg/m^3) und erst recht nicht durch Beton eine Luftströmung zu erzeugen. Es kann gefolgert werden, daß für Wände aus mineralischen Baustoffen gilt:

$$a \approx 0 \, \frac{m^3}{h \cdot m^2 (da\,Pa)^n}$$

7.13.3 Wertung der Versuche von Pettenkofers

Während von Pettenkofer aufgrund seiner Versuche folgerte, daß die Wände aus hygienischen Gründen atmungsfähig sein müßten, um eine Lufterneuerung zu erreichen, wurde erst 1926 von Raisch diese Hypothese von Pettenkofers folgerichtig widerlegt. Er führte aus [56]:

»Eine Betrachtung der mitgeteilten Versuchsergebnisse zeigt, daß die Forderung des Hygienikers nach »atmenden Wänden« zum Zwecke der Lufterneuerung in Räumen keine berechtigte innere Begründung hat. Denn im Ver-

192

gleich zu den übrigen Undichtheiten, wie sie an Fenstern und Türen unvermeidlich auftreten, kommt der Luftaustausch durch die übliche verputzte Wand nicht in Frage.«

In heutiger Zeit wird häufig die »Atmungsfähigkeit« der Außenwände mit der Wasserdampfdiffusionsfähigkeit der Wände in Verbindung gebracht. Künzel [57] hat überzeugend nachgewiesen, daß die Wasserdampfabfuhr aus einem Raum infolge Diffusion wesentlich geringer ist im Vergleich zur Wasserdampfabfuhr infolge einer Lüftung. Für einen Raum mit den Abmessungen 4 m x 6 m x 2,6 m und zwei Außenwänden aus 24 cm Hochlochziegelmauerwerk (μ = 10) entweichen die in Tabelle 7.13-2 angegebenen Wasserdampfmengen unter der Voraussetzung, daß die Raumluft eine Temperatur von +22 °C und φ = 40 % r.F. aufweist. Bei den Berechnungen wurde weiterhin zugrunde gelegt, daß die Außenluft eine relative Luftfeuchte von 80 % aufweist.

Tab. 7.13-2: Vergleich von aus einem Raum abgeführte Wasserdampfmenge [57]

Außenluft-temperatur °C	Aus dem Raum abgeführte Feuchtigkeitsmenge [g/h]		
	Dampfdiffusion durch		Durch Luftwechsel (einfach)
	Mauerwerk+WDVS	Mauerwerk	
-20	2,3	5,5	436
-10	2,0	4,8	378
0	1,4	3,2	242
10	0,2	0,4	15

Folgerung:

Durch wärmedämmende Maßnahmen auf der Außenseite von Außenwänden wird deren Luftdurchlässigkeit (»Atmungsfähigkeit«) nicht beeinflußt. Außenwände aus mineralischen Baustoffen sind luftdicht. – Versteht man unter »Atmungsfähigkeit« der Außenwände deren Wasserdampfdiffusionsfähigkeit, so ist nachgewiesen, daß durch Lüften ein Vielfaches an Wasserdampf im Vergleich zu der auf dem Wege der Diffusion entweichenden Wasserdampfmenge abgeführt wird. – Wärmedämmende Maßnahmen beeinflussen die »Atmungsfähigkeit« (Luftdichtigkeit, Wasserdampfdiffusionsfähigkeit) von Außenwänden kaum. WDV-Systeme sind im Gegenteil sinnvolle Maßnahmen, die zur Energieeinsparung beitragen und die sonstigen Eigenschaften einer Außenwand verbessern.

8   Literatur

[1]   Stehno, G.: Wärmedämm-Verbundsystem mit Dünnputzauflage. Bautenschutz, Bausanierung (9), S. 40-48.

[2]   DIN 18164: Schaumkunststoffe als Dämmstoffe für das Bauwesen, Teil 1, Ausgabe Juni 1979, Dämmstoffe für die Wärmedämmung

[3]   Capatect, Architektenbrief 13: Sind Wärmedämm-Verbundsysteme dauerhaft? Ausgabe April 1990

[4]   DIN 18165: Faserdämmstoffe für das Bauwesen, Teil 1, Ausgabe März 1987, Dämmstoffe für die Wärmedämmung

[5]   Mitteilungen IfBt: Kunstharzbeschichtete Wärmedämm Verbundsysteme. 1980, Heft 7

[6]   Mitteilungen IfBt: Zur Standsicherheit von Wärmedämm-Verbundsystemen mit Mineralfaser-Dämmstoffen und mineralischem Putz. 1984, Heft 6

[7]   Schäfer, G.: Zum Standsicherheitsnachweis von Wärmedämm-Verbundsystemen mit Klebung und Verdübelung, Bauphysik 12 (1990), Heft 4, Seite 97-103

[8]   Mitteilungen IfBt: Zum Nachweis der Standsicherheit von Wärmedämm-Verbundsystemen mit Mineralfaser-Dämmstoffen und mineralischem Putz. 1990, Heft 4 sowie ebenfalls abgedruckt in Bauphysik 12 (1990), Heft 4, Seite 123-125

[9]   Richtlinie des Rates (der Europäischen Union) vom 21.12.1988 zur Angleichung der Rechts- und Verwaltungsvorschriften der Mitgliedsstaaten über Bauprodukte (89/106/EWG) Bauproduktenrichtlinie-BauPR

[10]   DIN V 18559: Wärmedämm-Verbundsysteme; Begriffe, allgemeine Angaben. Entwurf Dezember 1988

[11]   DIN 18515 Außenwandbekleidungen Teil 1: Angemörtelte Fliesen oder Platten, Grundsätze für Planung und Ausführung. Ausgabe März 1992

[12]   Mitteilungen IfBt 5/1993

[13]   Draft pr EN XXX: External thermal insulation composite systems (ETICS), Juli 1993

[14]   Musterbauordnung (MBO) vom 11.12.1981 als Manuskript vervielfältigt von der Bundesarchitektenkammer

[15]   Vogdt, F.U.: Beanspruchung von Wärmedämm-Verbundsystemen infolge hygrisch und thermisch bedingter Verformungen von Vorsatzschichten des Großtafelbaues, Dissertation an der Technischen Universität Berlin (D 83) 1995

[16]   DIN 4102: Brandverhalten von Baustoffen und Bauteilen

         Teil 1 (5.1981) Baustoffe, Begriffe, Anforderungen und Prüfungen

         Teil 2 (9.1977) Bauteile, Begriffe, Anforderungen und Prüfungen

         Teil 3 (9.1977) Brandwände und nichttragende Außenwände.

         Begriffe, Anforderungen und Prüfungen

         Teil 4 Brandverhalten von Baustoffen und Bauteilen

[17]   Institut für Bautechnik: Richtlinien für die Verwendung brennbarer Baustoffe im Hochbau (RbBH). Berlin 1978

[18]   DIN 4108: Wärmeschutz im Hochbau

         Teil 1 (8.1981) Größen und Einheiten

         Teil 2 (8.1981) Wärmedämmung und Wärmespeicherung; Anforderungen und Hinweise für Planung und Ausführung

         Teil 3 (8.1981) Klimabedingter Feuchteschutz; Anforderungen und Hinweise für die Planung und Ausführung

         Teil 4 (11. 1991) Wärme- und feuchteschutztechnische Kennwerte

         Teil 5 (8.1981) Berechnungsverfahren

[19]   Gesetz zur Einsparung von Energie in Gebäuden (EnEG) vom 22.07.1976, BGBl. I, Jahrgang .1976, Seite 1873

         Erstes Gesetz zur Änderung des Energieeinsparungsgesetzes vom 20.06.1980 BGBl I Jahrgang 1980, Seite 701

         Verordnung über einen energieeinsparenden Wärmeschutz bei Gebäuden (WärmeschutzV) vom 16. August 1994

[20]   DIN 4109 mit 2 Beiblättern: Schallschutz im Hochbau (11.1989)

[21]   DIN 18550-2: Putze aus Mörteln mit mineralischen Bindemitteln, Ausführung. 1985

[22]   DIN 18558: Kunstharzputze; Begriffe, Anforderungen, Ausführung. 1985

[23]   Cziesielski, E. (Herausgeber): Lehrbuch der Hochbaukonstruktionen. B.G.Teubner Verlag, Stuttgart, 1993

[24]   Künzel, H.: Die Bewertung von Putzrissen bei Wärmedämm-Verbundsystemen. Bautenschutz und Bausanierung 18 (1995) Heft 6, Seite 42 – 48

[25]   Marquardt, H.: Korrosionshemmung in Betonsandwichwänden durch nachträgliche Wärmedämmung. Dissertation, veröffentlicht in: Berichte aus dem konstruktiven Ingenieurbau, TU Berlin, Heft 14, Berlin (D 83), 1992

[26]   Bundesausschuß Farbe und Sachwertschutz: Technische Richtlinien für die Verarbeitung von Wärmedämm-Verbundsystemen, Merkblatt Nr. 21, Frankfurt/Main, 1995.

[27]   Cziesielski, E.; Saafarowsky, K.: Wärmedämm-Verbundsysteme. In: Mauerwerk-Kalender 1990, S. 483-497

[28]   Prang, Ch.: Modellhafte energiegerechte Bauschadensanierung eines QP-71-Wohngebäudes in Berlin-Marzahn. Vortragsmanuskript 2.Internationaler Kongreß zur Bauwerkserhaltung 1994, Berlin

[29]   Oberhaus, H.: Zur Standsicherheit und Gebrauchstauglichkeit mineralischer Wärmedämm-Verbundsysteme. Dissertation, Universität Dortmund, 1993.

[30]   Meier, H. G.: Putzsysteme. Bautenschutz, H. 9/94, S. 63-67.

[31]   Miedler, K.: Untersuchungen an Wärmedämm-Verbundsystemen mit Polystyrol-Hartschaumplatten und Dünnputz hinsichtlich ihrer Verwendung im Hochbau. Dissertation 1985 an der TU Innsbruck.

[32]   Marx, H.G.: Keramische Beläge und Bekleidungen. Verlagsgesellschaft Rudolf Müller, Köln, 1995

[33]   Cziesielski, E. und Himburg, S.: Entwicklung eines mathematischen Modells zur Standsicherheit von Wärmedämm-Verbundsystemen mit keramischen Bekleidungen sowie Untersuchung zur Langzeitbeständigkeit. Forschungsbericht zum AiF-Forschungsvorhaben Nr. 9755, zu beziehen über den Industrieverband keramische Fliesen und Platten, Mittelstedter Weg 19 in 61348 Bad Homburg.

[34]   Cziesielski, E. und Fechner, O.: Wärmedämm-Verbundsysteme. – Untersuchung zur Gebrauchsfähigkeit gerissener Putzsysteme.

Abschlußbericht im Rahmen des Forschungsschwerpunktes Bauphysik der Außenwände. IRB-Verlag, Stuttgart, 1998

[35]   Döbereiner, W.: Hinterlüftete Außenwandschale aus beschichteten Asbestzementtafeln. Vermeidbare Verschmutzung der Fassaden. – Zuschrift – Bauschäden Sammlung, Bd. 4. Forum-Verlag, Stuttgart, 1981

[36]   ISO 7892: Vertical building elements – Impact resistance tests. 1988

[37]   Blaich, J.: Algen auf Fassaden. Berichtsband zu den Aachener Bausachverständigentagen 1998, Bauverlag, Wiesbaden und Berlin, 1998; s. auch [60]

[38]   Schrepfer, T.: Zur Auswahl und Beurteilung der Gebrauchsfähigkeit faserbewehrter Putze für Wärmedämm-Verbundsysteme. Dissertation TU Berlin, 1995

[39]   Neufassung von DIN 4108: Wärmeschutz und Energie-Einsparung in Gebäuden. Vermeidung von Schimmelbefall im Bestandsbau (Entwurfsfassung 09.1998)

[40]   Cziesielski, E. und Fouad, N.: Beurteilung der Standsicherheit von Wetterschutzschichten dreischichtiger Außenwände in den neuen Bundesländern. Betonwerk + Fertigteiltechnik, H. 5, 1993

[41]   Zentralverband des Deutschen Dachdeckerhandwerks – Fachverband Dach-, Wand- und Abdichtungstechnik e.V. – und Bundesfachabteilung Bauwerksabdichtung im Hauptverband der Deutschen Bauindustrie e.V.: Richtlinien für die Planung und Ausführung von Dächern mit Abdichtungen – Flachdachrichtlinien – (Ausgabe Mai 1991)

[42]   Rheinzink: Anwendung im Hochbau. Herausgegeben von der Rheinzink GmbH, 9. Auflage, Datteln 1988

[43]   Schöck, Isokorb, Allgemeine Technische Informationen. Herausgeben von der Schöck Bauteile GmbH, Baden-Baden, 1991

[44]   Althaus, Ch.: Kompetenz bei Kletterpflanzen. Die Mappe, H. 7/1998

[45]   Althaus, Ch.: Voraussetzungen erfolgreicher Fassadenbegrünung. Gartenpraxis, H.4/1998

[46]   Merkblatt des bayerischen Landesverbandes für Gartenbau und Landespflege: Fassaden erfolgreich begrünen. Landesverband für

Gartenbau und Landespflege, Herzog-Heinrich-Str. 21, 80336 München

[47]   Nach Unterlagen der Firmen Capatect und ispo GmbH

[48]   Schulz, E.: Außenwand mit Wärmedämm-Verbundsystem. Ablösung der Beschichtung. Deutsches Architektenblatt (DAB), Heft 7, 1987

[50]   Grochal, P.: Algen auf Fassaden. Das Deutsche Malerblatt, 1987, Heft 9

[51]   Blaich, J.: Algen und Pilze auf Fassaden. Tagungsmappe der Firma Koch Marmorit GmbH, Ellighofen 6, 79283 Bollschweil. Architekten-Fachgespräche 1998 in München

[52]   Ruhnau, R.: Schäden an Außenwandfugen im Beton- und Mauerwerksbau, Reihe »Schadenfreies Bauen«. IRB-Verlag, Stuttgart, 1992

[53]   NN. : Wärmedämm-Verbundsysteme. Baugewerbe, 1987, H.3

[54]   Bericht 1-20/1994: Experimentelle Untersuchungen an Wetterschalen WBS 70 zum Nachweis der Tragfähigkeit und zur Ermittlung der Versagensgrenzen. Institut für Erhaltung und Modernisierung von Bauwerken e.V. an der TU Berlin.

[55]   Bericht 1-37/1995: Zur zusätzlichen Belastbarkeit der Wetterschalen dreischichtiger Außenwandplatten des WBS 70. Institut für Erhaltung und Modernisierung von Bauwerken e.V. an der TU Berlin.

[56]   Künzel, H.: Müssen Außenwände »atmungsfähig« sein? wksb-Zeitschrift für Wärmeschutz, Kälteschutz, Schallschutz, Brandschutz. Herausgeber Grünzweig + Hartzmann, 1980, H. 11

[57]   Künzel, H.: Wohnen in Häusern aus Beton. Betonwerk + Fertigteil-Technik, 1981, H. 8

[58]   Künzel, H.: Die »atmende« Außenwand. Gesundheits-Ingenieur, 1978, Heft 1 und 2.

[59]   Gesamtverband Dämmstoffindustrie (GDI): Dämmstoffe für den baulichen Wärmeschutz

[60]   Blaich, J.: Außenwände mit Wärmedämm-Verbundsystemen. Algen und Pilzbewuchs. Deutsches Architektenblatt (DAB), Heft 10, 1999; Bauschäden-Sammlung Band 13. Fraunhofer IRB Verlag, Stuttgart, vorauss. 2001; s. auch [37]

9 Sachregister

Die »Bauschäden-Sammlung«

Herausgegeben von Professor Günter Zimmermann

**Der Klassiker
zu den Bauschäden:
Die Bauschäden-Sammlung
jetzt in 12 Bänden**

Die »Bauschäden-Sammlung« ist seit 28 Jahren eine ständige Rubrik des »Deutschen Architektenblattes«. Diese Erhebung, Auswertung und Sammlung von typischen Bauschadensfällen hat in der Fachwelt großes Ansehen erlangt.

Zusammengefaßt in jetzt 12 Bänden finden Sie über 555 typische Schadensfälle zu den Themen

Dächer, Gründung, Wannen, Abdichtung im Erdreich, Dränung, Außenwände, Fenster, Türen und Tore, Innenwände, Decken, Treppen, Tribünen, Fußböden, Installationen, Einrichtungen, Außenanlagen.

130 erfahrene Fachleute und Bausachverständige beschreiben typische Bauschäden. Jeder einzelne Band und die gesamte Reihe wird durch ein Themen- und Sachregister erschlossen. Der Nutzer kann so auf Anhieb feststellen,

- ob ein gleicher oder ähnlicher Schaden dokumentiert ist,

- welche Schäden für ein bestimmtes Bauteil typisch sind,

- wie diese Schäden vermieden werden können oder welche Maßnahmen zu ihrer Behebung in Frage kommen.

Alle Bände im Format A 5 quer mit zahlreichen Abbildungen, festem Einband und Fadenheftung.

Fraunhofer IRB Verlag

Postfach 80 04 69, D-70504 Stuttgart, Telefon (07 11) 970-2500, Telefax (07 11) 9 70-25 08

Fachbuchreihe Schadenfreies Bauen

Herausgegeben von Professor Günter Zimmermann

Ziel und Programm dieser Fachbuchreihe ist das schadenfreie Bauen. Erfahrene Bausachverständige beschreiben die häufigsten Bauschäden und stellen den Stand der Technik zu bestimmten Problemstellungen oder Konstruktionsteilen dar.

Band 19
Ralf Ruhnau/Nabil Fouad
Schäden an Außenwänden aus Mehrschicht-Betonplatten
1999. 104 Seiten, 61 Abb., 7 Tab.

Band 18
Hubert Satzger
Schäden an Deckenbekleidungen und abgehängten Decken
1998. 77 Seiten, 59 Abb., 5 Tab.

Band 17
Wilfried Muth
Schäden an Dränanlagen
1997. 144 Seiten, 140 Abb., 10 Tab.

Band 16
Richard Jenisch
Tauwasserschäden
1996. 124 Seiten, 66 Abb., 24 Tab.

Band 15
Klaus G. Aurnhammer
Schäden an Estrichen
2. erg. Aufl. 1999. 196 Seiten, 44 Abb, 17 Tab.

Band 14
Bernhard Brand/ Gerhard Glatz
Schäden an Tragwerken aus Stahlbeton
1996. 217 Seiten, 124 Abb.,24 Tab.

Band 13
Helmut Klaas / Erich Schulz
Schäden an Außenwänden aus Ziegel- und Kalksandstein-Verblendmauerwerk
1995. 224 Seiten, 164 Abb., 13 Tab.

Band 12
Franz Lubinski / Uwe Nagel / Hans Pfeifer /Fritz Röbbert / Klaus Ziegenbein
Schäden an Metallfassaden
1995. 220 Seiten, 150 Abb., 15 Tab.

Band 11
Martin Sauder / Renate Schloenbach
Schäden an Außenmauerwerk aus Naturstein
1995. 274 Seiten, 95 Abb., 31 Tab.

Band 10
Klaus W. Liersch
Schäden an Außenwänden mit Asbestzement-, Faserzement- und Schieferplatten
1995. 144 Seiten, 86 Abb., 20 Tab.

Band 9
Helmut Künzel
Schäden an Fassadenputzen
1994. 120 Seiten, 72 Abb.,3 Tab.

Alle Bände fester Einband mit Fadenheftung

Fraunhofer IRB Verlag

Postfach 80 04 69, D-70504 Stuttgart, Telefon (07 11) 970-2500, Telefax (07 11) 9 70-25 08

Fachbuchreihe Schadenfreies Bauen

Herausgegeben von Professor Günter Zimmermann

Band 8
Erich Cziesielski / Michael Bonk
Schäden an Abdichtungen in Innenräumen
1994. 112 Seiten, 55 Abb., 4 Tab.

Band 7
Werner Pfefferkorn
Rißschäden an Mauerwerk
2. durchges. Aufl. 1996. 296 Seiten, 290 Abb.,17 Tab.

Band 6
Wolfgang Klein
Schäden an Fenstern
1994. 160 Seiten, 92 Abb., 2 Tab.

Band 5
Horst Schulze
Schäden an Wänden und Decken in Holzbauart
1993. 160 Seiten, 140 Abb.

Band 4
Erich Cziesielski / Thomas Schrepfer
Schäden an Industrieböden
2. erw. Aufl. 1999. 169 Seiten, 69 Abb., 33 Tab.

Band 3
Heinz Klopfer
Schäden an Sichtbetonflächen
1993. 128 Seiten, 77 Abb., 9 Tab.

Band 2
Gottfried C.O. Lohmeyer
Schäden an Flachdächern und Wannen aus wasserundurchlässigem Beton
2. durchges. Aufl. 1996. 224 Seiten, 127 Abb., 25 Tab.

Band 1
Ralf Ruhnau
Schäden an Außenwandfugen im Beton- und Mauerwerksbau
1992. 136 Seiten, 87 Abb.

Alle Bände fester Einband mit Fadenheftung

Fraunhofer IRB Verlag

Postfach 80 04 69, D-70504 Stuttgart, Telefon (07 11) 970-2500, Telefax (07 11) 9 70-25 08